藍學堂

學習・奇趣・輕鬆讀

The Innovation Secrets
of Steve Jobs:
Insanely Different Principles
for Breakthrough Success

跟賈伯斯
學創新思考

從 iPhone 的破框思維到皮克斯的創作靈感
解鎖賈伯斯不同凡想的祕密

卡曼・蓋洛 Carmine Gallo ──著
何玉方──譯

謹獻給

凡妮莎、約瑟芬和萊拉
是我無窮的喜悅與靈感的泉源

目錄

推薦序　在大腦裡內建一套賈伯斯 Prompt　齊立文　10
推薦序　賈伯斯的七大創業心法是我的行動指南　蘇書平　15
前　言　19
緒　論　23

第 1 章 » 賈伯斯會怎麼做？　31
　　　　賈伯斯經驗　32
　　　　大英雄　33
　　　　如果少了賈伯斯，世界會是什麼模樣？　35
　　　　誰是你心目中的英雄？　37
　　　　空氣中瀰漫著創新變革的氛圍　39
　　　　推動賈伯斯創新的七大致勝心法　40

致勝心法 1　追隨自己的熱情　45

第 2 章 » 順著心之所向　47
　　　　對書法字體的熱愛　48
　　　　巴倫投資之道　50
　　　　兩位志同道合的史蒂夫　51
　　　　別將就！　53

第 3 章 »　換個角度，思考職涯發展　57
　　　　相信心中的熱情　58
　　　　歷經 5,126 次失敗　61
　　　　「讓我刮目相看！」　63

絕妙好滋味！ 64
逆襲人生，創造奇蹟 66
發掘個人天賦 68
我能勝任，我能領會，我也樂在其中 70
大企業如何激發車庫式創新思維？ 72
不要浪費時間過別人的人生 73

致勝心法 2　在世界留下印記　77

第 4 章　激勵熱情的支持者　79
眼界非凡 82
培養消費者意識 84
推動電腦普及化的願景 85
我們是技術革命的先鋒 86
全錄公司未能洞察先機，成功機會拱手讓人 87
小蝦米對抗大鯨魚 89
「巴斯光年」的創作靈感 90
一切才剛開始 92
微軟錯失的良機 93
在世界留下印記 95

第 5 章　換個角度，思考願景　97
賈伯斯劃時代的突破 99
完成不可能的任務 102
崇高的使命激發創新 103

一點一滴實現願景　105
　　　別低估一群拚命的媽媽　107
　　　追隨願景，而非使命宣言　109
　　　打造個人品牌願景　112

致勝心法 3　激發大腦潛能　115

第 6 章 》　主動發掘新經驗　117
　　　創意就是發掘不同事物的關聯性　118
　　　食物處理機、電鍋與磁吸式電腦配件　120
　　　賈伯斯的「不同凡想」　123
　　　無手搖裝置的福斯汽車　125
　　　電腦產業的「第一台電話」　126

第 7 章 》　挑戰慣性思維模式　129
　　　創新思考始於行動　130
　　　創新者的 DNA　131

致勝心法 4　銷售夢想，而非產品　139

第 8 章 》　在瘋狂中看到天才　141
　　　我們的客戶志在改變世界　142
　　　向瘋狂的人致敬　144
　　　客戶不是「流量數據」　146
　　　我們先確定自己想要什麼　147

　　　　科技洞見　149
　　　　賈伯斯與芭芭拉・史翠珊的共同特質　159

第 9 章 >> 換個角度，思考顧客需求　163
　　　　五美元潛艇堡的幕後推手　166
　　　　透過桌遊，逐步建立自信　167
　　　　你的事業核心價值是？　168
　　　　對客戶需求感同身受　169
　　　　分享更多故事　170

致勝心法 5　拒絕繁雜瑣事　173

第 10 章 >> 簡單是複雜的極致表現　175
　　　　專注於真正重要之事　177
　　　　設計大師艾夫　178
　　　　1/4 磅的突破　179
　　　　讓設計融於無形　180
　　　　顛覆性產品　183
　　　　蘋果打破了軟體升級的既定模式　186
　　　　簡單到兩歲小孩都能上手　186
　　　　一切都變得簡單至極　188
　　　　網站上寥寥數語，卻道盡一切　189
　　　　拋開一切無用的累贅　190

第 11 章 » 換個角度，思考設計　195
　　　　Flip 攝影機的魔力　196
　　　　機器人，去幫我拿牙膏　200
　　　　簡單到不需要說明書　203
　　　　壽司的禪境　204
　　　　揮別不重要的車款　205
　　　　極簡≠簡單　207
　　　　投影片是最大敗筆　209
　　　　輕鬆規畫，打造夢想人生　210

致勝心法 6　創造極致精采的體驗　213

第 12 章 » 我們的任務是幫助您成長　215
　　　　讓人生活更精采　216
　　　　不受現實束縛　220
　　　　我們的任務是幫助您成長　221

第 13 章 » 換個角度，思考品牌體驗　225
　　　　傳遞快樂　226
　　　　探訪 Zappos 的獨特體驗　227
　　　　芝加哥郊區的賭城風情　230
　　　　無可匹敵的披薩店　232
　　　　低成本的創新之道　234

致勝心法 7　精準傳達訊息　237

第 14 章 »　全球最具魅力的品牌敘事者　239
　　　　　　說服他人認同你的創意構想　240
　　　　　　點燃董事會熱情的商業發展計畫　243
　　　　　　我們稱之為……iPad！　244

第 15 章 »　換個角度，思考故事敘述　249
　　　　　　宣揚雲端運算的理念　250
　　　　　　傳遞價值的三大關鍵要素　251
　　　　　　效法賈伯斯推銷理念的七大準則　252

最後一件事……別讓那些笨蛋打擊你　258

致謝　262
參考文獻　264

推薦序 >>
在大腦裡內建一套賈伯斯 Prompt

齊立文

　　史蒂夫・賈伯斯（Steve Jobs, 1955-2011）在 1976 年，和友人史蒂夫・沃茲尼克（Steve Wozniak）共同創立蘋果（Apple）公司。從他 21 歲到 56 歲過世的 35 年間，他透過電腦、iPod、iTunes、iPhone、iPad 和皮克斯（Pixar）等，「改造了電腦界、音樂、電影和電信產業。正如《財星》（*Fortune*）雜誌指出，一個人一輩子能改造一個產業，已經是難能可貴，而同時改變了四個產業，則是史無前例」。

　　如果賈伯斯還在世的話，他會在今（2025）年，年滿七十歲。我忍不住猜想，他會在做什麼，又已經在過去十幾年間，做出了哪些產品或服務，再度改造或顛覆了什麼產業？

　　這就是賈伯斯的魅力和魔力之所在，人們就是相信他能夠「不同凡想」（Think Different），然後有本事做出不同凡響的事業，改變這個世界。

打造專屬的賈伯斯機器人，
製作思考和工作的檢視清單

過去在閱讀關於賈伯斯的文章或書籍時，我曾看到過這樣的段落：蘋果公司的員工會在遇到問題時，特別是在賈伯斯過世以後，這樣自我提問：「如果是賈伯斯會怎麼做？」

我想，這樣的提問模式，應該也不限於與蘋果直接相關的人士，於是我就問了 ChatGPT：「有沒有很多 ChatGPT 的用戶，經常在有疑問的時候，以『賈伯斯會怎麼想或怎麼做』來提問？」

ChatGPT 先是說了我這個問題很有趣，然後回答我：「我沒辦法直接看到所有用戶的提問內容，但是從我能夠接觸到的模式來說，確實有不少用戶會用『賈伯斯（Steve Jobs）』作為一種思考框架，來尋找靈感或解決問題。」

對此，ChatGPT 提出了幾個理由，包括賈伯斯被視為創新與直覺的象徵、他的故事帶有啟發性（帶領蘋果由衰轉盛）。另外還有兩個理由，我認為跟這本書《賈伯斯的創新思考》的「功能和用途」很相近，其一是 ChatGPT 對賈伯斯的知識儲備很豐富，所以 AI 可以很快模擬他的語氣和思維方式，這讓「代入賈伯斯的思考」變成一種流行的 prompt（提問方式）；另一個原因是，當人們遇到難題時，如果套用：「賈伯斯會怎麼想？」可以形成一種決策捷徑，快速聚焦在「簡化、極致體驗、與眾不同……」這些賈伯斯經常強調的原則上。

這也是我在閱讀本書時，邊讀邊懷疑、邊懷疑邊省思之後，得出的結論。畢竟關於賈伯斯的報導和書籍實在太多，而且有太多人喜歡傳頌講述，經年累月下來，再怎麼精采的故事、再怎麼實用的方法，也會變得老生常談、不足為奇。

不過，當你產生了「關於賈伯斯還有什麼新鮮事」的念頭時，正好也是自我檢視的一個好機會：知是一回事，行又是另一回事。就算你可以如數家珍地說出賈伯斯的創新故事，其底層邏輯是否進入你的腦、你的心嗎？讓你在思考和工作時，彷如有一個「賈伯斯機器人」，提醒你 Think Different。

創新沒有系統或工具可循，而是日積月累的思維習慣

本書是作者卡曼・蓋洛（Carmine Gallo）第二本關於賈伯斯的著作，前一本是《跟賈伯斯學簡報：從平凡到驚豔，18堂課教你創造 iPhone 級簡報體驗》。在這本談創新的書裡，蓋洛整理出的七個創新的致勝心法，分別是熱情、願景、跨界學習、顧客需求、簡約設計、體驗和故事。

坦白說，過往我每每看到創新公式或成功方程式之類的內容，起初內心多少會有些牴觸，因為如果這些公式或心法真的有效，那怎麼像賈伯斯這種人，還是那麼罕見？這就好像是說，作者將賈伯斯的言行事蹟和成就，做了逆向工程，拆解出七大心法，讀者就順理成章地想，只要按表操課，是不是就可以成為賈伯斯？如果不行，那就是心法無效？

這自然是把創新的道理想得淺薄了。公式，就有點像是餅乾塑模器，壓下麵糰，都可以做到標準化的「形似」，但是餅乾好不好吃，還牽涉到材料、工法、製程、個人偏好等許許多多因素。

何況，大道至簡，很多功成名就之士分享的成功之道，往往簡單得不能再簡單，基本的不能再基本。因此，對於祕訣或心法類的書籍，我建議讀者這樣看：不是只要順從心之所向、追隨自己的熱情，就做到創新的七分之一；也不是把產品設計得極簡質樸，就做到創新的七分之二；更不是

寫出不到十個字的願景宣言，就做到了創新的七分之三⋯⋯以此類推，做完七個心法，就得到一個整體的創新，甚或成為下一個賈伯斯。

而是要倒過來想，即使是像賈伯斯這樣有創新精神的人，他也只不過是做了這些看似簡單而基本的事。

書裡有一段賈伯斯說的話，可以給工作者和經營者參考：「我們不會想：『我們來上課吧！這裡有五條創新規則；把這些貼在公司各處吧！』」而針對這樣做的人，賈伯斯的回答是：「這就像明明不酷、卻試著耍酷的人一樣，讓人看得痛苦⋯⋯」

我認為，普通人和創新者最大的差別，往往在於普通人只停留在對於一些高大上原理原則的「感動」和「觸動」，但是創新者根本不會把時間浪費在找祕訣、複製配方，而是去傾聽自己內心的聲音，去「行動」，然後「推動」身邊志同道合的人，一起做到極致！

創新源頭就在生活的需求裡，
用心感受，創造對顧客實用的價值，

賈伯斯很常被引述的一段話，就是他說焦點團體訪談沒什麼用，因為消費者不太知道自己要什麼。乍聽之下是賈伯斯式的傲慢；但事實證明，無數消費者的需求，確實是被賈伯斯發掘、甚或發明了出來。

閱讀過程中，看到「2001 年 10 月 23 日，賈伯斯推出第一代 iPod，宣稱：『把千首歌裝進口袋。』」這個段落時，我回想起當年的自己，根本不是果粉，甚至連蘋果產品都沒用過，只是出於對音樂的喜愛，就被雜誌一頁廣告上一台「白色乾淨的音樂播放器」，以及一句「把千首歌裝進口袋」的標語，興奮地衝去店裡要買一台 iPod。

這才不是賈伯斯依照什麼願景、使命宣言、簡約設計做出來的創新成

果，而是他出於自己的需求，加上對於消費者的想像，以及帶領團隊前行的行動力，做出了「我之前不知道的，我一看就會想要的產品」。

有時蘋果的賣點，甚至與時尚無關。如同作者在書裡寫到，他曾經問一位在拉斯維加斯夜店工作的 DJ，為何選擇 Mac？「因為 Mac 不會當機，我可不想因為電腦當機，而失去在威尼斯人酒店（Venetian）的工作。」

我特別喜歡書裡提到的一段話：假設「人們並不清楚自己想要什麼。那麼，蘋果員工如何解決在產品開發之前，無法預測市場接受度的困境呢？其實很簡單，他們會依賴對產品要求最嚴苛的測試群體，也就是自己。我們會先確定自己想要什麼。」也是這種從自身出發的小寫創新（innovation），積累也締造出蘋果許多的大寫創新（Innovation）。

在打造 Apple II 電腦之前，賈伯斯很清楚，他想要個人電腦像家電一樣，自然地出現在家庭裡，所以要非常簡單好用，他還去百貨公司參考食物處理機的造型，「將技術產品變成人人都會使用並喜愛的家電」。而蘋果的專利 MagSafe，則是仿效日本電鍋的磁性扣件，讓電腦和電源線可以輕鬆又安全地分離，不會一踩到電源線，就把整台電腦扯到地上。有時候，創新的源頭就是這麼不足為奇的需求，但是經過創新者的心靈手巧與豐富聯想，創造出了人們生活中不可或缺的產品。

需求人人都有，生活中每個人也或多或少會出現不滿足感，讓我們學習作者提供的賈伯斯創新思維指令，試著戴上賈伯斯的眼鏡，如同作者所說：「需求是創新的催生者……當熱情與需求相遇時，就會產生奇蹟。」

（本文作者為《經理人》總編輯）

> **推薦序** »
>
> # 賈伯斯的七大創業心法是我的行動指南
>
> 蘇書平

賈伯斯在史丹佛大學的畢業典禮上說過:「求知若飢,虛心若愚。」對我而言,這不只是掛在牆上的金句,而是我二十六年職涯、創業與顧問工作的行動指南。

在本土企業,我學會了讀懂人心與經營溫度;在跨國科技公司,我打開了全球視野;走上創業之路,我鍛造出破局的膽識與方法;而在顧問現場,我一次次親眼見證企業從谷底翻身。

回過頭看,這些關鍵時刻的背後,其實都隱藏著同一組思維密碼——賈伯斯的七大創新心法。

《跟賈伯斯學創新思考》將這套心法完整拆解,帶領我們把「創新」從偶然的靈光,變成日常的習慣與自我驅動的能力。

1. 追隨讓你熱愛到睡不著的事

創業第一年,我曾連續三天三夜幾乎沒睡覺,只為了完成一個創業

提案。不是因為有人逼我，而是因為熱情讓我停不下來。熱情不是浪漫口號，而是你在最累時，仍能推自己向前的燃料。

2. 留下你的印記，而不是別人的影子

在顧問工作中，我見過許多企業拚命模仿對手，最後卻迷失了方向。賈伯斯提醒我們——別只是參加遊戲，要改寫遊戲規則。做出能讓世界記住的事，才是真正的價值所在。

3. 把大腦變成跨界的交叉路口

我同時熱愛科技、商業與藝術，因為每一次跨界，都可能激發全新的解法。最成功的策略，往往不是在單一專業的直線上找到，而是在不同領域的交會點爆發。

4. 別賣產品，賣人們願意相信的未來

我曾協助一個新創團隊調整簡報，刪除了密密麻麻的技術規格內容，改成一個故事：三年後，這產品會如何改變使用者的一天。結果，他們當場就拿到了投資。夢想往往比技術更有力量。

5. 把一切複雜削減到極致

一家傳產客戶在數位轉型時，我建議他們砍掉一半產品線，專注在三個最有利潤的品項與市場。一年後，營收不減反增。少做是最難的創新，因為它需要狠下決心才能達成。

6. 讓顧客在每一次互動中愛上你

蘋果專賣店的魔力，不在於產品，而出自於讓你走進去就捨不得離開。我常提醒企業：體驗不是「售後服務」的附屬品，而是品牌的靈魂所在。

7. 用一句話讓人願意跟你衝

再宏大的願景，若講不清楚就只是空想。我在顧問會議上看過太多好點子死於「沒人聽懂」。領導者必須是翻譯者，能把複雜的策略轉化成每個人都想立刻行動的語言。

在這個變化比你想像更快的時代，創新已不再是「選擇題」，而是「生存題」。《跟賈伯斯學創新思考》不只告訴你賈伯斯做了什麼，而是教你如何運用這些原則，在自己的領域創造出無法被取代的價值。

作為創業者、顧問、領導者，我一次又一次驗證——這七大心法不是理論，而是能在戰場上救你一命的武器。我誠摯推薦本書，給所有渴望突破、拒絕平庸的人。

願你翻開書的此刻，就是創新人生的起點。

（本文作者為先行智庫創辦人暨執行長）

前言

史蒂夫・賈伯斯（Steve Jobs）於 2011 年 10 月辭世，兩天後，ABC 新聞電視節目 20／20 主持人黛博拉・羅伯茲（Deborah Roberts）採訪我，在十五分鐘的專題報導中，全程探討本書揭示的理念。

製作單位並未將這集節目命名為「賈伯斯的創新祕笈」，而是稱為「賈伯斯的成功祕訣」。這個標題其實也很貼切，正如我在後續章節中會談到，創新適用於任何領域、任何人。創新的定義其實就是以全新的方式行事，進而帶來正面的改變。無論是找到新的商業模式、銷售產品的方法、拓展職涯、改善生活，還是讓世界變得更美好，這些都是創新。回顧當時的 ABC 節目，我發現這些致勝心法至今依然適用。事實上，賈伯斯在商業上的各個層面都走在時代的前端。如今，世界各地的領導者都紛紛採納讓蘋果成功致勝的法則。有些人花了好幾年才意識到，將賈伯斯的祕訣應用到自己的生活中時，能讓他們的事業與職涯蓬勃發展。只要遵循這些致勝心法，你也能夠取得非凡的成就。

賈伯斯教我們要追隨自己的夢想，熱情才是一切。他因內部權力鬥爭而被迫離開蘋果公司，經十二年後，於 1997 年回歸時告訴員工：「有熱情

的人能使世界變得更美好」[1]。被問及對想創業的人有何忠告時,賈伯斯建議他們不妨先去洗碗打工,直到找到自己真正熱愛之事。無論是在公開演講、員工會議、訪談中,熱情都是賈伯斯不斷重申的主題,當然,他在史丹佛大學(Stanford University)那場著名的畢業典禮演講中,也勉勵畢業生要「聽從心之所向」。

加拿大經濟學家賴瑞・史密斯(Larry Smith)在他那場著名的 TED 演講「為什麼你注定無法享有精采的職業生涯?」(Why You Will Fail to Have a Great Career)中提到了賈伯斯。史密斯解釋:「熱情是幫助你將才能發揮到極致的關鍵,」熱情不光只是對某件事情感興趣「你需要嘗試二十種興趣,而其中某一種可能真正吸引你、讓你想全心投入,這時你可能才算找到了自己最熱愛的事⋯⋯那就是熱情。」

那麼,賈伯斯究竟對什麼充滿熱情呢?他在去世前最後一次的重大公開演講中,告訴我們答案。當時,賈伯斯正在與終將奪去他生命的癌症搏鬥,他停頓片刻後說道:「正是科技與人文、藝術的完美結合,讓我們心靈激動。」從那時起,我將這句話轉成一個問題,問商業領袖們:**什麼事能讓你心靈激動?**如果你不靜下心來認真思考,可能永遠無法體會到自己真正能夠達成的快樂和成功。熱情才是成功的關鍵。

賈伯斯教我們要創意思考。他曾表示「創意是連結事物」,他的意思是,跳脫出自己所處行業並向外尋找靈感。自從我在書中首次介紹賈伯斯的創意哲學以來,相關主題的研究與學術論文都強化了他的觀點。臉書(Meta)執行長馬克・祖克柏(Mark Zuckerberg)承認,若不是那一趟印度(India)之行激發了他的創意,他很可能會將臉書賣掉,售價或許還遠不如臉書應有的價值。賈伯斯也曾在類似的旅行中找到靈感,他告訴祖克柏,換個環境可能有幫助。祖克柏在一篇臉書貼文中表示:「在公司創

業初期，情況不太順利，我們遭遇了困難，很多人想收購臉書。我和賈伯斯會面，他說，我若想重新找回對公司的使命感，應該去印度造訪一座寺廟，那是他在蘋果發展之初、思考未來願景時去過的地方。」經過一個月的印度旅行，祖克柏感覺自己和世界重新建立連結，帶著對公司更強烈的使命感回來了。

多產作家詹姆斯・派特森（James Patterson）在廣告代理商公司工作期間，學會了如何更具創意。帕特森在線上學習平台 MasterClass 一系列的創意教程中提到：「創意構想很少無中生有，大多是將沒有人結合過的、不同想法連結在一起。」他補充：「你的涉獵愈廣泛，就愈有可能將不同的事物融合成引人注目的創意。」賈伯斯在他感興趣的其他領域中汲取了許多寶貴的知識，他曾在大學時修習書法，雖然這門學科當時似乎與他的人生毫無關聯，但他最終運用了這些知識，徹底改變了電腦產業的面貌。

2014 年《哈佛商業評論》（*Harvard Business Review*）一篇關於創新的論文中，研究人員經過多年探索，調查了數千名領導者，得出結論：解決問題的創新方案往往是從「不同知識領域」汲取靈感，並靈活應用於自身專業之中，「有時最好的點子來自於你的行業之外」。這些研究人員其實大可不必耗費數年的時間與金錢，只要訪問賈伯斯這位創新者就能得到答案了。甲骨文（Oracle）創辦人賴瑞・艾里森（Larry Ellison）稱賈伯斯是「我們的畢卡索」，認為他就像畢卡索，擅長將不同領域的影響力融合，創造出前所未有的科技藝術突破。真正的創意祕訣就是讓大腦不斷接受新鮮體驗，讓不同領域的概念交織出新火花。

賈伯斯教我們如何創造「極致精采」的客戶體驗。如今，你走進任何一家成功的零售店，都可能看到某些靈感來自蘋果專賣店的設計。自本書首次出版以來，我們進一步了解，賈伯斯啟發了 AT&T 的獲獎零售店，微

軟（Microsoft）商店幾乎完全仿效蘋果專賣店。賈伯斯甚至曾挑戰迪士尼（Disney）提升零售店的顧客服務體驗。此外，我們發現皮克斯動畫工作室（Pixar）總部的設計也受到賈伯斯對理想工作環境的願景所影響。

　　本書揭示了這些成功祕訣和其他創新法則，毫無疑問，書中探討的每一種創新技巧，都有最新的神經科學和學術研究支持。我至今依然覺得很驚訝，賈伯斯能夠憑直覺領悟到許多人花了多年才學會的道理。最重要的是，賈伯斯教我們要「銷售夢想，而非產品」，他並非只想向消費者推銷電子產品，而是要打造出能夠幫助人釋放創造潛力的工具。1997 年，賈伯斯睽違十二年後重返蘋果公司，在首次公開演講中說道：「有些人認為購買 Mac 電腦是瘋狂之舉，然而，正是在這種瘋狂之中，我們看到了天才。」你怎麼看待客戶呢？不妨幫助他們釋放內在的天才，你將能真正打動他們的心、贏得支持。

卡曼・賈洛
2016 年 3 月

緒論

> 當今世界最需要的，就是更多的賈伯斯（創新就業人才）。
>
> 佛里曼

《紐約時報》（*The New York Times*）的專欄作家湯馬斯・佛里曼（Thomas Friedman）在一封公開信中，向前美國總統歐巴馬（Barack Obama）發出挑戰，呼籲他培養更多像賈伯斯的創新人才，以創造更多的「就業機會」（jobs）。佛里曼指出：「我們需要讓數百萬美國孩子，不只限於天才，重燃對創新和創業的熱情。」[1] 如果我們想要有更多優質的工作機會，國家就必須致力於營造鼓勵創新、促進蓬勃發展的環境。簡而言之，國家需要更多像蘋果共同創辦人兼前執行長賈伯斯的這種人才。畢竟，蘋果正是憑藉著革命性的 iPhone，這款十年來最具創新意義的產品之一，得以在 2010 年超越微軟，成為全球最有價值的科技企業。這對任何公司都是驚人的成就，對於從閒置臥房中起步發展的公司來說，更是值得稱道。

美國在邁入新千禧年的第二個十年之際，面臨諸多問題。數百萬人處於失業或流離失所的困境，經常同時面臨兩種考驗。每六個美國人當中，就有一人依賴食物券維生，公共教育亟需徹底改革，而全國各地的公司行號都在努力維持營運。《時代雜誌》（*Time*）指出：「由 911 事件開始，到最

後的金融崩潰，這個世紀的前十年極有可能被公認為是美國在二戰後經歷過最令人沮喪和失望的十年。」甚至稱之為「煉獄般的十年」，並表示對這十年唯一的好評就是它終於結束了。[2]

經濟大蕭條波及全球各地，尤其是本來已面臨經濟疲弱、基礎設施不足、環境問題嚴重和極端貧窮的國家。未來十年要取得真正的進步，需要新穎、富有創意和創新的構想。微軟共同創辦人比爾・蓋茲（Bill Gates）指出，關鍵在於持續創新，他警告：「過去的兩個世紀，創新使人類平均壽命延長了一倍，帶來了便宜的能源和更多的糧食。如果未來十年沒有在健康、能源或糧食領域持續創新，世界的前景將十分黯淡。」[3] 在接下來的十年，企業與個人必須擁抱創意和創新這兩大支柱；否則，在這進步不容停滯的關鍵時期，發展將受到阻礙。

好消息是，經濟衰退往往能成為推動創新的催化劑。前 IBM 總經理亞達利奧・桑切斯（Adalio Sanchez）表示：「當你面臨必須精打細算，以有限資源創造更大價值的處境時，往往能激發前所未有的創新與創造力。更多的創新不代表要砸更多錢，關鍵在於如何有效運用現有資源。」[4]

歷史證明，許多重大創新都誕生於嚴峻的經濟壓力下。2009 年博斯顧問公司（Booz & Company）*的報告指出：「電視、靜電複印（xerography）、電動刮鬍刀、FM 調頻廣播等多項技術突破，都是在經濟大蕭條期間發明的。杜邦公司（DuPont）就是一例，在 1937 年，杜邦 40% 的營收都來自於 1930 年以後推出的產品，該公司積極追求創新，不僅度過大蕭條危機，更為未來幾十年的持續獲利增長奠定了基礎。」[5] 博斯公司的研究發現，偉大的創新者往往是在壓力困境中磨練出來的。面對逆境，成功的創

---

* 編按：2014 年博斯顧問公司出售並整合於 PwC Network，改名為思略特（Strategy&）。

新者能夠發揮自身優勢、勇敢採取行動、積極尋找創造價值的新機會。

事實上，壓力、衝突和需求似乎是大自然在告訴我們，「尋找一條新的出路」。有次我去造訪加州的巴索羅布列斯（Paso Robles），此處被譽為全球最具發展潛力的葡萄酒產區之一。我走進一家酒莊，吧台上陳列著岩石，我詢問：「這些石頭是做什麼用的？」那位女士自豪地回答，「這是當地土壤中的石灰岩樣本」，一邊倒出酒莊屢獲殊榮的金芬黛（Zinfandel）紅酒樣品，「在這種砂礫土壤中生長，葡萄藤的根必須更加努力伸展，才能吸到水分，因此，這些葡萄果實的風味更加濃郁，正如每位釀酒師都知道，極品葡萄酒源自於優質的果實」。

壓力讓人不舒服，但我相信，作用於葡萄藤的力量也在對整個世代的商業專業人士施展魔力。多年來，我收到數百封失業男女的電子郵件，他們將失業處境視為追隨自己的熱情、創造新事物的創新契機。《華爾街日報》（*Wall Street Journal*）指出，面對殘酷的就業市場，愈來愈多的大學畢業生選擇完全放棄傳統就業途徑，轉而自創公司。事實證明，常被人形容為輕率自負、被寵壞又魯莽的千禧世代，正以前所未有的速度，建立意義非凡的初創企業。如果十年後我們發現，所謂「煉獄般的十年」，其實激發了無數新產品、新服務、新方法和新觀念，我一點也不會感到意外。在全球各個角落中，無論是在車庫、辦公隔間、實驗室或教室裡，新一波創新者正在科技、健康、科學和環境領域中努力尋求突破。

瑞克‧漢普森（Rick Hampson）在《今日美國》（*USA Today*）的文章中寫道：「恐懼感或許正是我們的救贖。美國人經常認為自己正面臨艱難的時刻，因此更努力去尋找應對的辦法。無論是 1957 年蘇聯人造衛星斯普特尼克（Sputnik）的成功發射、1975 年西貢（Saigon）的淪陷，還是一九八〇年代來自日本的經濟挑戰，美國人總覺得最美好的日子已經過

去⋯⋯然而,正是認為自己處於危機邊緣的想法,才使我們免於徹底崩潰。我們不會低估挑戰,反而是過度反應,在這競爭激烈的世界中,這正是我們成功的關鍵。」[6]

創新是擺脫國家困境的關鍵,我們需要大膽、創意十足的構想,來振興陷入困境的國家、力求生存的公司及停滯不前的職業生涯。還有誰比得上《財星》(Fortune)雜誌評選的「十年最佳執行長」賈伯斯更適合為我們指引方向呢?

麥格羅希爾(McGraw-Hill)出版《跟賈伯斯學簡報》(The Presentation Secrets of Steve Jobs)後,迅速成為國際暢銷書。然而,過程中發生了意想不到的事:它開始和許多勵志傳奇與自助類書籍並列於暢銷書排行榜,包括朗達・拜恩(Rhonda Byrnes)的《祕密》(The Secret)和史蒂芬・柯維(Stephen R. Covey)的《與成功有約》(The 7 Habits of Highly Successful People)。讀者們開始分享他們如何在書中學習而改變了自己的商業運作方式和職涯規畫。一位記者在《Java World》雜誌的文章提及,她原本想透過閱讀《跟賈伯斯學簡報》來提升自己的簡報技巧,卻意外發現其中蘊含的智慧能幫助IT經理與資訊長成為更優秀的領導者。看到這些回饋,我深感欣慰,《跟賈伯斯學簡報》顯然不僅是簡報技巧的指南,對於想要尋找成功祕訣的讀者來說,也產生了影響。而你現在閱讀的正是姊妹作,《跟賈伯斯學創新思考》雖然強調溝通的重要性(畢竟,創新若無法激發他人的熱情,就沒有任何價值),但也更深入地剖析賈伯斯一生奉行的核心原則,這些寶貴的原則將幫助你在商業與人生中發揮潛力。

在探討使賈伯斯成為全球最成功創新者的原則之前,我們必須對創新的定義達成共識,這個定義適用於各行各業,無論是執行長、經理、員工、科學家、教師、企業家,還是學生。簡而言之:**創新是全新的做事方**

式，**能夠帶來正面改變**，讓生活變更美好。

經濟學家塔潘・蒙羅（Tapan Munroe）告訴我：「大家普遍都認同創新是維持經濟繁榮的最佳方式，創新能提高生產力，而生產力的提升又可能增加收入、提高利潤、帶來新的工作機會、新產品，並促進經濟繁榮。一旦打開通往全球經濟的窗口，便會迎來陽光，世界不再烏雲密布。我們需要將解決現實問題的創意構想轉化成人人渴望的產品和服務。」[7] 蒙羅與蓋茲和佛里曼等人一樣，相信創新應該成為我們的新座右銘。

「創新概念廣泛，」蒙羅表示：「創新規模有大有小（Innovation vs. innovation）。**大**創新包括建設網路、內燃機（ICE）和條碼等重要發明，而**小**創新則包含細微而持續的改進，幫助你更有效管理生活、推動小企業發展，或是提升自家公司的產品或生產力。」[8] 這些小創新每天都在發生，讓每個人的生活過得更精采。

「墨守成規的商業模式注定失敗，」寇提斯・卡爾森（Curtis Carlson）在《創新》（*Innovation*，暫譯）中寫道：「傳統的專業培訓已經不足以應對這個變幻莫測的商業世界，你還必須掌握創新技能。如果你知道如何創造客戶價值，不管身處什麼行業，都將更有機會成功並在整個職業生涯中保持競爭力，否則很可能被淘汰。」[9] 卡爾森表示，無論你是有航太領域的高等學位，還是受過培訓的金融分析師、會計師或保險專業人士，專業知識都必須適應新時代，而適應的關鍵是以創新、有創意的方式看待現況及潛在的問題。

創造力需要努力付出，蒙羅表示，「創新不是只做一次就能坐享其成的事」，創新是持續改進的承諾，需要每個人共同努力。他舉例說明：「以提供經濟預測的小型諮詢公司為例，如果想真正做到創新，我的第一步是推出最能發揮自身優勢的服務。如果公司的業務與當地其他五家競爭對手相似，我

會透過以下創新方式來突顯優勢：提供更優質的客戶服務、更高品質的研究、更獨特的方案、更順暢明確的溝通，以及更多便於客戶採取行動的實用資源。」蒙羅表示，有個關鍵問題可以讓你與眾不同：**我如何幫助客戶或顧客取得更好的成果？**他認為「找到這個問題的答案就是創新」[10]。

對許多公司和個人而言，若重複曾引發全球金融崩潰的相同流程，只會導致相同的結果。要將創新融入自身的 DNA 中，這代表要將蘋果公司「不同凡想」（Think Different）的理念應用到自己的業務、職涯和生活當中。如果你的產品未能激起買家的興趣，就需要換個角度思考如何重新打造產品；假如銷售數字急劇下滑，就需要換個角度思考如何提升客戶體驗；倘若你在二〇〇〇年代不斷換工作，就需要換個角度思考如何重新規畫職涯。

像賈伯斯般思考，或許能幫助企業和教育界，《富爸爸，窮爸爸》（*Rich Dad Poor Dad*）的作者羅勃特・T・清崎（Robert T. Kiyosaki）認為：「美國的教育體系需要大幅創新，美國的學校應該向亨利・福特（Henry Ford）和賈伯斯這樣的企業家創建的商業模式學習，他們為我們提供明確的指引。美國的教育體系需要注入創新，這正是企業家的專長。公立學校應該提供兩種不同的教育課程：一種是為員工設計的，而另一種則是針對企業家……培養企業家與培養員工的方式是截然不同的。」[11]

本書避免討論深奧難懂、被束之高閣的創新理論，正如一位經濟學家所言：「多數關於創新主題的博士論文，內容都艱深複雜，並非寫給大眾讀的，而是給其他博士同儕看的。很多時候，理論愈艱澀，作者在同行眼中的地位就愈高，我自己也曾參與這種學術遊戲多年。」

走出全球經濟衰退陰霾後，我們沒時間浪費了，我們需要實用的工具和原則，幫助每個人釋放潛在的創造力。接下來要介紹的原則簡單實用

又有意義，任何領域的專業人士都能輕鬆掌握，無論是執行長、經理、創業者、顧問、創意專業人士、小企業主、教師、醫生、律師、房地產經紀人、顧問、全職媽媽，還有真心希望透過研究來改善人類現況的博士。

大家常混淆創新（innovation）和發明（invention），這兩者是互補但不同的概念。發明行動指的是設計、創造和製造新的產品或流程，而創新則是從創意開始，最終轉化為發明、服務、流程和方法。不是人人都能成為發明家，但每個人都能成為創新者。如果你是小企業主，想出了將訪客變成買家的新點子，就是創新者。假如你是經理，開創了激勵員工的新方法，就是創新者。倘若你在創業，在多次失業後重塑個人職業生涯，就是創新者。若你是全職媽媽，找到了方法來振興當地社區的公立學校，也是創新者。

創新是一般人每天都在做的事，讓生活變得更精采。在接下來的章節中，你將會認識到許多創新者，他們運用賈伯斯式的創新思維，改變了企業、社區和人們的生活。

研究創新可能也有助於保持大腦的敏銳度。科學家發現，人類大腦中的知識並不會隨年齡增長而消失，而是隱藏在神經元的褶皺中。大腦隨著年齡的增長，在理解全局方面反而變得更加敏銳。科學專家表示，關鍵在於保持神經連結的活躍，而最有效的方法是讓自己多接觸不同的人和觀點，挑戰個人固有的思維方式。也許，賈伯斯在十九歲時就有這種領悟，離開加州綠意盎然的郊區，與朋友丹尼爾・科特基（Daniel Kottke）一起去印度背包自助旅行。這趟旅程使賈伯斯開始質疑自己對這片異國土地的許多幻想：「這是我第一次領悟，也許湯瑪斯・愛迪生（Thomas Edison）對改善世界的實際貢獻，比卡爾・馬克思（Karl Marx）和尼姆・卡羅里・

巴巴（Neem Karolie Baba）*加起來的還要多。」[12]

賈伯斯的印度之行中並未如願找到精神啟蒙，他在1974年回到加州洛斯阿圖斯（Los Altos）父母家中，決心走自己的路。接下來的三十多年，他經歷了驚人的高峰和低谷，無論是在個人生活還是職業生涯中，他經歷了成功、失敗和救贖。從2004年開始，這位曾為了生命中最難解的謎題而前往印度尋求解答的人，在熬過了兩次生死攸關的疾病後，獲得了非凡的智慧。賈伯斯曾說：「意識到自己即將死亡，是我所學到的最重要的智慧，幫助我做出人生的重大選擇。」[13]賈伯斯於2011年10月5日因胰臟癌併發症，在加州的帕羅奧圖（Palo Alto）家中安詳地離世，妻子、子女和姊妹陪伴身旁。

正如佛里曼相信的，美國需要更多像賈伯斯的領袖，那麼我們應該從「賈伯斯」身上尋求啟發。雖然賈伯斯極為低調，但他在追求突破性成功的過程中，留下了許多線索，只要我們細心觀察就能找到。

---

* 編按：愛迪生是發明家與企業家，例如改良電燈泡、發明了留聲機，擁有超過一千項專利，對現在生活影響深遠。馬克思是德國哲學家與經濟學家，馬克思主義理論深刻影響全球政治與社會運動。巴巴是印度靈性導師，啟發了許多西方心靈領袖。

第 1 章 》
賈伯斯會怎麼做？

> 創新是領導者與追隨者之間的關鍵區別。
>
> ──賈伯斯

　　創新是蘋果成功的關鍵，但共同創辦人兼前執行長賈伯斯並不相信能靠具體的「系統」來實現創新。蘋果員工不會靠參加工作坊來鍛鍊創新能力，在蘋果辦公區你也不會看到用來激發創意的樂高積木，或是看到員工在尋寶遊戲中四處奔波，進行由「創新顧問」設計的團隊合作活動。事實上，賈伯斯鄙視這種陳腐的練習，他曾向《紐約時報》的羅伯·沃克（Rob Walker）表示，「我們不會想：『我們來上課吧！這裡有五條創新規則，把這些貼在公司各處吧！』」沃克在訪問中進一步追問，但確實有許多人試著這樣建立系統或方法來激發創新，賈伯斯回答：「當然有人會這麼做，這就像明明不酷、卻試著耍酷的人一樣，讓人看得痛苦……就好像看戴爾公司創辦人麥可·戴爾（Michael Dell）跳舞一樣，尷尬極了。」[1]

　　本書使創新不再痛苦，沒有意圖建立一套僵化、逐步執行的創新方法，這正是賈伯斯最不推薦的。本書**旨在**揭示引導賈伯斯取得突破性成功的致勝心法，而這些心法能幫助你激發想像力、提升創造力、開發出能推動事業和職涯發展的新點子，並激勵你改變世界。

雖然這些致勝心法源於科技傳奇人物賈伯斯的模式，但創新不僅限於科技領域；重點在於想出新點子來解決問題。法國知名設計師菲利普・史塔克（Philippe Starck）與賈伯斯彼此互相欣賞，他曾說：能讓你生活變得更美好的就是「好」產品。除了在全球夢幻地點設計出令人驚豔的酒店大廳之外，史塔克也將設計帶入日常生活中，為 Target 等零售商設計了數十種日用產品，包括浴室磅秤、嬰兒監視器等。他注入獨特、優雅、簡約的風格，真正實現了「設計大眾化」。如果按照史塔克對「好」的定義來看，賈伯斯在過去三十多年來創造了很多極好的產品。史塔克秉持的理念也激勵了賈伯斯，他讓現有的產品（如電腦、MP3 播放器和智慧型手機）變得更簡單、更有趣，使用者因此樂在其中。如果本書中的理念能啟發你打造劃時代偉大的產品，那就太棒了，但更廣泛地說，這些創新法則能為你提供框架，不僅點燃你的事業與職涯發展，更能將你的創意推進到超乎自己想像的程度。

賈伯斯經驗

我們怎麼知道賈伯斯會說什麼呢？畢竟，他是全球最神祕的執行長之一，極少在公開場合露面，大多數蘋果員工從未見過本人，他不常出現在媒體前，甚至在蘋果總部建立了戒備森嚴的環境，讓人感覺像進入北韓的非軍事區。儘管如此，自賈伯斯從高中時期剛認識史蒂夫・沃茲尼克

「當一個組織讓高層管理人員透過泛舟來學習團隊合作，或者讓他們靠摺色彩繽紛的紙飛機來學習創造力時，這家公司顯然大有問題。」[2]
　　　　　　　　　　　　——卡爾森與威爾莫特，《創新》作者

（Steve Wozniak），兩人開始一起在父母家中臥室組裝電腦時，他就已經有很多想法了（與普遍的說法相反，蘋果最初確實是從臥室起步，然後才搬到廚房，最後搬到「車庫」，因而誕生了這段傳奇）。

雖然實現賈伯斯的願景需要數千名員工的共同努力，但蘋果經驗本質上就是賈伯斯經驗。很少有人像賈伯斯般，與創新有如此密切的關聯。在谷歌（Google）上搜尋「賈伯斯＋創新」，會出現超過 270 萬條連結，而用「華特・迪士尼」（Walt Disney）的名字進行類似的搜尋，會產生 150 萬條連結，「亨利・福特」（Henry Ford）則產生超過 100 萬條連結。我相信進行這類搜尋的人不僅僅是在尋找個人傳記，而是在尋求靈感啟發。

本書並非賈伯斯的傳記，而主要在揭露引導賈伯斯實現無限創意、真正改變世界的原則，讓你能夠在現今運用來發揮個人潛力。不妨將本書視為在商業和生活中取得突破性成功的終極指南，這些內容來自於對賈伯斯過去三十多年言論的深入剖析，並結合前蘋果員工的見解、長期報導蘋果的專家，以及眾多受到啟發的商界領袖、創業家、教育工作者和中小企業主的觀點。他們都曾問過自己一個簡單的問題：賈伯斯會怎麼做？

大英雄

《紐約時報》專欄作家、諾貝爾經濟學獎得主保羅・克魯曼（Paul Krugman）稱新千禧年的第一個十年為「大零年代」（Big Zero），因為在他看來，「沒有什麼好事發生」[3]。然而，確實有好事發生。在大零年代的灰燼中，大英雄賈伯斯崛起了。《財星》稱讚賈伯斯對抗經濟衰退、戰勝死亡並改變了世界。在這十年間，全球經歷了兩次衰退、金融醜聞、銀行危機、股市巨大的損失和低迷的經濟局勢，而賈伯斯卻屢創佳績。他使蘋果

重新復甦（他在 1996 年 * 回歸時，蘋果公司正瀕臨破產邊緣），同時還徹底改造了電腦界、音樂、電影和電信產業。正如《財星》指出的，一個人的職涯能改造一個產業已經是難能可貴，而同時改變了四個產業則是史無前例。《財星》認為賈伯斯對全球文化的影響力不容小覷：「每天無數次都有學生、企業家、工業設計師或執行長面對某個問題並自問：賈伯斯會怎麼做？」[4]

二〇〇〇年代是賈伯斯的黃金時期，隨著 Mac、iPod 和 iPhone 的銷售量激增，蘋果每季的財報都刷新營收和利潤紀錄，到 2010 年 1 月，蘋果已經賣出 2.5 億台 iPod，占據超過 70% 的 MP3 市場，改變了消費者發掘、購買和享受音樂的方式。儘管蘋果電腦的平均售價遠高於其他品牌，在 PC 市場的占有率也增至 10%。蘋果門市據點已經超過 280 家，而且在單季就吸引了大約 5,000 萬名訪客。自 2008 年 7 月 10 日 App Store 上線以來，短短 18 個月內，iPhone 和 iPod Touch 用戶的應用程式下載量達到 30 億次。從 1976 年 4 月 1 日成立至 2010 年，蘋果已經發展成市價 500 億美元的企業†，賈伯斯在 2010 年 1 月 27 日表示：「我喜歡忘掉這些數字，因為這不是我們思考蘋果的方式，雖然確實是相當驚人。」自 1996 年重返蘋果之後，賈伯斯在接下來的 15 年間創造了 1,500 億美元的股東財富，並徹底改變了電影、電信、音樂、零售出版和設計等領域。如果你在尋找效法的榜樣，不妨問問自己：「賈伯斯會怎麼做？」

華爾街讚賞賈伯斯將蘋果帶回財務健康狀態。2010 年 1 月《哈佛商

---

* 編按：本書提到賈伯斯回歸時間，出現 1996 年和 1997 年兩個時間，指涉的或許是不同事件。1996 年年底蘋果公告收購 NeXT 作業系統後，賈伯斯便以非正式顧問重返蘋果；1997 年 7 月 9 日正式獲得蘋果董事會邀約，出認臨時執行長，重掌公司實權。

† 編按：截至 2025 年 7 月下旬，蘋果市值約為 3.2 兆美元左右。

業評論》評賈伯斯為全球表現最出色的執行長，因為他在重返蘋果後，為公司創造了「驚人的 3,188% 的產業調整回報率（即年均複利增長 34%）」[5]。截至本文撰寫時，蘋果市值已經超越了美國所有上市公司*。不過，美國科技媒體 TechCrunch 主編麥克・艾靈頓（Michael Arrington）卻認為，蘋果對世界的影響不僅限於華爾街的財報數據，他表示如果賈伯斯當年沒有回歸，今日世界樣貌將會大不相同。

如果少了賈伯斯，世界會是什麼模樣？

賈伯斯主導開發了全球最具吸引力的產品，包括 iMac、MacBook、iPhone、iPod 和 iPad。艾靈頓指出：「但蘋果在過去十二年做的，不僅僅是硬體，更加速了音樂、電影和電視產業的發展步調，也重新定義了手機。」艾靈頓懷疑，如果賈伯斯當初沒有回歸，或許不會有其他執行長敢推出 iPod，進入已經飽和的 MP3 市場，而 iPhone 或 iPad 可能也未必會問世。艾靈頓認為，就算你沒有在用這些產品，但如果少了賈伯斯，你的世界也會大不相同：「我們很有可能還困在手機的黑暗時代，沒辦法在手機上享受優質的瀏覽體驗，更別提在電信商提供的老舊手機上使用像 Pandora 或 Skype 這類的第三方應用程式了。此外，賈伯斯也憑一己之力顛覆了整個音樂產業。更不可思議的是，如今市面上不知有多少筆記型和桌上型電腦都模仿了 MacBook 和 iMac 的設計。如果沒有賈伯斯，這個世界會少了許多色彩，他是一位傳奇人物，在歷史上占有一席之地實在當之無愧。」[6]

---

* 編按：根據 2025 年 7 月 28 日鉅亨網報導指出，截至 7 月 25 日，輝達（Nvidia）以 4.24 兆美元市值登頂全球企業之巔，接著是 3.8 兆美元的微軟（Microsoft）和 3.19 兆美元的蘋果。

蘋果並未在 2010 年 2 月的巴塞隆納世界行動通訊大會（Barcelina Mobile World Congress）上參展，但展示廳中依然隨處可見其影響力。三星（Samsung）、諾基亞（Nokia）、LG 和黑莓公司（Research in Motion）[*] 等競爭對手紛紛推出了配備觸控螢幕和應用程式商店的產品，這些都是由 iPhone 引領的創新。

　　蘋果的創新每天都在影響你的生活，也許你不曾擁有 Mac 電腦，但可能升級過配備 Windows 7 的 PC。2009 年微軟推出 Windows 7 時，產品經理因公開表示新的操作系統（OS）靈感來自蘋果 OS X 而遭到批評。為更加高效和穩定，微軟刪除了部分程式碼來簡化系統，這種做法非常符合蘋果的風格。此外，這位經理還表示，微軟嘗試在新操作系統中打造一種類似 Mac 的圖形介面和使用感受。無論你是 Mac 還是 PC 用戶，蘋果的創新總是隨處可見。

　　有人說，要像賈伯斯成功，對多數人來說不可能。我不會侮辱你的智商，宣稱本書會讓你像賈伯斯一樣變成億萬富翁，或者是能幫助你發明出下一個 iPod。這樣的承諾就像高中教練宣稱能讓年輕運動員學到麥可・喬丹（Michael Jordan）的投籃功力。這孩子成為下個喬丹的機會微乎其微，然而，可以肯定的是，他的技巧會有所提升，也許這位年輕運動員會在高中和大學成為明星；如果夠努力，甚至可能簽下一份價值數百萬美元的 NBA 合約，他或許永遠無法達到喬丹對籃球運動的影響力，但會有比多數高中運動員更成功的職業生涯。

---

[*] 編按：後改名為 BlackBerry。

誰是你心目中的英雄？

我曾聽過這樣的說法，只有 3% 的人致力於打造自己的夢想生活，這聽起來似乎很有道理，多數人花比較多的時間在計畫購物清單，而不是思考未來。不過，也許經濟大蕭條為人們敲響了一記警鐘，提醒大家應該掌控生活，而不是將未來交給未必會為他們最佳利益著想的人。

在經濟衰退的陰影下，年輕人開始尋求指引，許多人將賈伯斯視為榜樣。2009 年青少年成就協會（Junior Achievement），發問卷調查了一千名年齡介於十二到十七歲的青少年最崇拜的企業家排名，賈伯斯以 35% 的票數位居榜首，遠超過歐普拉（Oprah）、滑板選手東尼・霍克（Tony Hawk）、歐森雙胞胎姊妹（Olsen twins）* 和臉書創辦人祖克柏。當問及受訪者為什麼選擇賈伯斯時，近 2/3（61%）的人給出的答案包括：「因為他改變了世界」「他改善了人們的生活」或「他讓世界變得更美好」[7]，只有 4% 的人提到賈伯斯的財富或名氣。此調查讓我們相信，青少年比成人想像中的更具利他精神。對美國青少年來說，改變世界似乎才是真正重要的事。

賈伯斯在解釋著名的「不同凡想」電視廣告時，曾表示：「你可以從一個人欣賞的英雄來了解他。」這則廣告中出現了愛因斯坦（Albert Einstein）、巴布・狄倫（Bob Dylan）、甘地（Mahatma Gandhi）和愛蜜莉亞・艾爾哈特（Amelia Earhart）† 等知名的創新者，這些人都是賈伯斯的英雄。[8] 這則廣告於 1997 年 9 月 28 日首次播出，距賈伯斯歷經十一年缺席後，戲劇性回歸蘋果不到一年的時間。當時蘋果的品牌形象受損，賈伯斯

---

* 編按：美國兒童演員出身，後轉型為時尚品牌創辦人的雙胞胎姊妹。

† 編按：美國第一位單獨飛越大西洋的女性飛行員，多項女性飛行紀錄的保持人，也為提升女性地位努力。後在試圖環繞地球飛行任務時，神祕失聯、下落不明。

的主要任務就是重振蘋果招牌。賈伯斯一批准這個廣告活動後,他並沒有只是袖手旁觀,而是深入參與活動的每一個細節,每天都會審查廣告的藝術作品,還積極協助獲取版權,親自打電話與小野洋子(Yoko Ono)或愛因斯坦的遺產管理方聯繫。

演員李察・德雷福斯(Richard Dreyfuss)擔任這則電視廣告的口述旁白,黑白畫面中播放著一系列思想家、科學家和反叛者的影像。不難理解賈伯斯為什麼會對這個專案如此投入,並非因為他認為單憑這個廣告就能扭轉蘋果的命運,而是因為從某些角度來看,德雷福斯描述的正是賈伯斯本人:「向那些瘋狂的人致敬......那些看待事物與眾不同的人......他們改變世界、他們發明、他們想像、他們探索、他們創造、他們啟發、他們推動人類前進。」[9] 這個廣告活動對賈伯斯來說意義重大,因為他正在建立自己的遺產,就像歷史上偉大的創新者,他也推動了人類的發展。

哈佛大學(Harvard University)教授南希・科恩(Nancy F. Koehn)將賈伯斯與過去兩個世紀其他偉大的企業家歸為同類,包括約書亞・威治伍德(Josiah Wedgwood)、約翰・洛克斐勒(John D. Rockefeller)、安德魯・卡內基(Andrew Carnegie)、亨利・福特和雅詩・蘭黛(Estée Lauder)等人。他們的共同特質包含:強烈的驅動力、不懈的好奇心,以及敏銳的想像力。科恩寫道:「賈伯斯成長於經濟、社會和技術發展快速變革的時期,也就是我們稱之為資訊革命的時代。威治伍德是十八世紀的英國瓷器製造商,創造了第一個真正的消費者品牌,他成長於工業革命時期,這也是重大變革的時代。而洛克斐勒則是在一八七○和一八八○年代鐵路和大規模生產、使美國從農業社會轉型為工業社會時,奠定了現代石油產業基礎。」[10] 科恩認為,在重大轉型時期,許多事物都充滿不確定性,像洛克斐勒等創新者都充分把握了這些顛覆變革的時機。

空氣中瀰漫著創新變革的氛圍

在1776年的美國殖民地，空氣中確實瀰漫著改革的氛圍，當時五十六位最具創新精神的領袖簽署了《獨立宣言》（Declaration of Independence）文件，將政府權力交到人民手中，點燃了美國革命並蔓延至全球各地。美國慶祝獨立兩百週年紀念之際，賈伯斯和沃茲尼克兩人也在一份開創性的文件上簽名。這份文件也點燃了一場革命，將電腦的力量交到普通人手中。正如湯瑪斯・傑佛遜（Thomas Jefferson）主張的革命權，即人民享有權利，當政府侵犯這些基本權利、造成生活條件變得無法忍受時，人們有責任推翻或改革政府。賈伯斯和沃茲尼克也決心改變已經讓人無法忍受的體系，當時電腦價格昂貴、組裝困難，而且只屬於愛好者和菁英使用。他們倆的共同願景，就是打造每個人都能用、也負擔得起的電腦。賈伯斯表示：「我們創立蘋果，初衷就是想要電腦，所以才做了第一部，後來，我們設計出這部瘋狂的新電腦，有顏色，還有一些其他功能，叫做 Apple II。我們一心就想做這件簡單的事，讓朋友也能擁有這些電腦，像我們一樣享受其中的樂趣。」[11]

雖然 Altair 8800 是第一部個人電腦，但《時代雜誌》卻認為，真正掀起個人電腦革命開端的是 Apple II。正如當年的獨立革命，並非人人都相信電腦革命會帶來更美好的社會。一九七〇年代，一些觀察家擔心，昂貴的電腦價格可能會擴大社會貧富差距，讓科技成為少數人的特權；也有人擔憂，電腦可能會削弱人們解決問題的思考能力，或是讓人類變得與社會更加隔絕。然而，電腦確實不斷深入改善我們的日常生活，帶來的正面影響不勝枚舉。雖然有人認為，即使沒有賈伯斯和沃茲尼克，電腦革命力量最終會促使技術的普及，但我們不能否認賈伯斯讓這場革命產生飛躍發展

的事實。要掀起一場革命，需要有絕對的信念，相信自己的能力，也堅信自己的願景能夠推動社會進步。

推動賈伯斯創新的七大致勝心法

我相信，如果你能掌握推動賈伯斯的七大致勝心法，就能在自己的事業、職場和生活中，複製他的成功經驗。這些原則同樣也在其他的成功人士和組織背後發揮作用。在後續章節中你將會發現，國際知名的壽司大廚松久信幸（Nobuyuki Matsuhisa）如何運用與賈伯斯相同的原則，創作出屢獲殊榮的料理。激發賈伯斯創造 Mac 的創新思維，也啟發了名廚瑞秋・蕾伊（Rachael Ray）推出她的「三十分鐘料理」。約翰・甘迺迪（John F. Kennedy）如何運用創新祕密來激勵人類登陸月球，同樣的原則也啟發了 Mac 的誕生。你還會看到一群全職媽媽，運用了賈伯斯激勵團隊的心法，成功振興一所沒落的社區學校。你也會聽到前蘋果員工分享的故事，他們運用從賈伯斯身上學到的致勝心法，開創了屬於自己的事業。

以下是我曾聽過的故事，一位祖母思索著該給孫子送什麼聖誕禮物，她希望這份禮物不僅能表達她的愛，而且能在她離世後也能繼續激勵他們。最後，她買了四顆綠蘋果，分別包裝成禮物。所有孩子拆開禮物時，發現了這顆蘋果，下方壓著紙條，上面寫著：可兌換全新的蘋果電腦。紙條上說，就像蘋果核心的種子一樣，每個孩子內心也都蘊藏著無限可能，而這部蘋果電腦將幫助他們發掘自己的潛能。祖母過世後，孩子始終珍藏著那張紙條，將這份禮物稱為「蘋果體驗」[12]。無論你是否擁有蘋果產品，都能受益於賈伯斯送給世界的禮物，也就是創新祕訣。許多商業領袖、創業者和前蘋果員工都已經掌握了這些祕訣，並善加運用，取得了突破性的

成功。你可以問自己：「賈伯斯會怎麼做？」然而，如果你沒有深入理解引導他在商業和生活中行事的七大致勝心法，你將無法找到真正的答案。

本書所介紹的七大致勝心法，將促使你以不同的角度思考個人的職業、公司、客戶和產品，依序如下：

» **致勝心法 1：「追隨自己的熱情」**。賈伯斯一生都聽從內心的指引，他相信此為成功的關鍵。

» **致勝心法 2：「在世界留下印記」**。賈伯斯吸引了志同道合的人，共同將他的理念轉化為顛覆世界的創新發明。熱情推動蘋果的發展，而賈伯斯的願景則指引方向。

» **致勝心法 3：「激發大腦潛能」**。沒有創意就不會有創新，賈伯斯認為，創意就是發掘不同事物的關聯性。他相信，廣泛豐富的經歷能拓展我們對人類生活的理解。

» **致勝心法 4：「銷售夢想，而非產品」**。在賈伯斯眼中，購買蘋果產品的人並不是「消費者」，而是懷抱夢想、希望與抱負的人。他打造產品，就是為了幫助他們實現夢想。

» **致勝心法 5：「拒絕繁雜瑣事」**。賈伯斯認為，簡單就是複雜的極致表現，從 iPod 到 iPhone 的設計，從產品包裝到官網的功能，蘋果的創新之道在於去蕪存菁，讓真正重要的元素得以清楚呈現。

» **致勝心法 6：「創造極致精采的體驗」**。賈伯斯將蘋果專賣店打造為顧客服務的黃金標準，透過簡單的創新方法，成為全球最佳零售商，任何企業都可輕易採納，與顧客建立深厚而持久的情感連結。

» **致勝心法 7：「精準傳達訊息」**。賈伯斯是全球首屈一指的商業故事大師，能將產品發表會變成一場藝術饗宴。即使你再有創新的想

法，若無法激發人們的熱情也毫無意義。

本書的七大致勝心法都包含兩章。第一章專門揭示該心法如何推動賈伯斯的成功創新，而第二章則探討其他專業人士、領導者和創業家如何運用相同原則，在個人與職業生涯中跳脫思維框架，發揮創新變革的影響力。這些輔助章節中所介紹的個人和品牌故事，將激勵你在下列人生層面不同「凡想」：

» 職業（**致勝心法 1**：追隨自己的熱情）
» 願景（**致勝心法 2**：在世界留下印記）
» 思維（**致勝心法 3**：激發大腦潛能）
» 顧客（**致勝心法 4**：銷售夢想，而非產品）
» 設計（**致勝心法 5**：拒絕繁雜瑣事）
» 體驗（**致勝心法 6**：創造極致精采的體驗）
» 故事（**致勝心法 7**：精準傳達訊息）

這七大顛覆性成功致勝心法，只有在你將自己視為品牌時，才能真正發揮作用。不管職位或頭銜為何，或許你是在家創業的新創者；在經歷重大變革產業中打拚了二十年的資深從業者；正在面試求職的大學畢業生；還是想讓事業更上一層樓的小企業主，都代表著最重要的品牌，也就是你自己，你的一言一行都在塑造這個品牌。最重要的是，你對自己個人和事業的**信念**，將會大大影響你能否激發出創意構想、推動事業發展和改善客戶的生活品質。

賈伯斯曾是蘋果和皮克斯兩大傳奇品牌的執行長。三十五年前，他還

只是在父母家中組裝電腦的年輕人，1976年沒有人認為賈伯斯是一個「品牌」，但他自己早已深信不疑。在二十一歲時，賈伯斯和朋友沃茲尼克在養父母保羅與克拉拉的家中，在臥室、廚房、車庫裡組裝印刷電路板時，年輕的賈伯斯就已經將自己視為品牌經營者。他特地在帕羅奧圖租了一個郵政信箱作為公司地址；還聘請了電話接聽服務，讓客戶和供應商以為他是正式運作的公司，而不是得和母親爭搶廚房桌面空間的年輕人。他選擇讓自己「看起來」比實際規模更大，因為在他心中早已認定自己是個品牌。[13]

米開朗基羅（Michelangelo）有句名言：「對多數人來說，真正的危險不在於把目標設得太高而未能達成，而是設得太低且輕易實現。」賈伯斯和米開朗基羅一樣，都具備超凡的洞察力：米開朗基羅觀看一塊大理石，見到的是大衛雕像；賈伯斯看一部電腦，望見的是釋放人類潛力的工具。

你在自己身上看到了什麼潛力？試著想像，如果有正確的洞察力和靈感啟發，你在事業上能夠達成什麼目標？再想像一下，如果有賈伯斯指引方向，你的職業生涯會有何發展？賈伯斯會怎麼做？讓我們一起探索答案吧！

致勝心法 1
追隨自己的熱情

勇敢聽從內心直覺的指引，
你心中似乎早已知道自己想成為什麼樣的人

——賈伯斯

第 2 章 》》
順著心之所向

追隨你的熱情,哪怕四處碰壁,世界總會為你開啟大門。

——喬瑟夫・坎伯(Joseph Campbell),
《神話的力量》(*THE POWER OF MYTH*)作者

1972 年,賈伯斯在里德學院(Reed College)只讀了一學期就輟學,令他的父母大失所望。里德學院是位於奧勒岡州波特蘭(Portland)的小型文理學院。一九七〇年代,這所學校以小班教學、學生聰明、環境包容多元生活方式和個性而聞名。如果你在高中時感到格格不入,在里德學院可能會找到歸屬感。

賈伯斯的養父母保羅與克拉拉,原本準備動用一生積蓄來支付這所私立學院昂貴的學費,這是他們在十七年前對賈伯斯的生母(未婚的大學生)所做的承諾。保羅和克拉拉都沒上大學,事實上,保羅甚至連高中都沒畢業。賈伯斯的生母直到保羅與克拉拉承諾將來會讓這個男嬰上大學後,才在收養文件上正式簽字。賈伯斯說:「六個月後,我發現這根本沒有意義,我對自己未來的方向毫無頭緒,也不知道上大學能否幫助自己找到答案,卻會揮霍父母一輩子辛苦存下的積蓄,所以決定輟學,相信一切最終都會有個好結果。」[1]

不到十年，賈伯斯這位大學輟學生的身價已高達一億美元。1984年，他和事業夥伴沃茲尼克從當時美國雷根總統（Ronald Reagan）手中獲得首屆「國家技術勳章」（National Medal of Technology）。隨後，賈伯斯不僅多次躋身億萬富翁行列，還成為迪士尼（Disney）的最大股東，被《財星》雜誌評為「十年最佳執行長」，更成為全球偶像，在電腦、電信、音樂和娛樂產業的影響力堪稱傳奇。沒錯，他的選擇最終確實帶來了好結果。

對書法字體的熱愛

輟學離開里德學院為賈伯斯開啟了傳奇人生，但原因可能並非你所想到的。不同於他的競爭對手，同樣也是輟學生（從哈佛大學輟學，創立微軟）的創業者比爾・蓋茲（Bill Gates），賈伯斯當時並不清楚自己未來的方向。他唯一確定的是，只想追隨自己內心的選擇。賈伯斯說：「我一輟學，就不用再上讓我提不起興趣的必修課，轉而旁聽真正吸引我的課程。」[2] 在接下來的一年半裡，賈伯斯過著一九七〇年代典型的嬉皮大學生生活，睡在朋友宿舍的地板上，靠回收可樂瓶換取生活零用錢，每個星期天徒步七英里去奎師那神廟（Hare Krishna）吃一頓熱騰騰的飯。

如果這看起來像艱苦的生活，事實也並非如此。賈伯斯表示，正因為他追隨自己的好奇心、順著直覺走，讓他特別珍惜這段時光。這份熱情引導賈伯斯走上一條看似隨機且無用的路，他選修了一門書法課。賈伯斯注意到校園內有許多海報，上面有漂亮的字體、字型和風格。里德學院有全美最優秀的書法系之一，賈伯斯決心追求這門美麗的藝術形式，這個決定在當時並不起眼，卻深刻地影響了賈伯斯的一生，甚至改變了全世界。

賈伯斯說：「當時這些書法知識對我的人生來說，完全沒有任何實用

價值，但十年後，我們在設計第一台麥金塔（Macintosh）電腦時，一切又回到了我的腦海中，我們將這些元素全部融入麥金塔設計，成為第一台擁有精美字體的電腦。如果我當初沒有在大學旁聽那門課，麥金塔或許就不會有豐富的字型或自動調整字距的排版設計。如果不是 Windows 仿效了麥金塔，個人電腦可能至今都還沒有這些特色。要是我當年沒有輟學，就不會去旁聽這門書法課，個人電腦也不會有現在這麼精美的字體了。」[3]

賈伯斯選修書法課的理由很簡單，就是覺得課程很吸引人。他當時不知道這些經歷與未來的人生有何關聯，但最終確實相關。賈伯斯曾說過，我們當下無法預見人生的點點滴滴，只有回首過去時才會看見關聯性。你必須相信，只要追隨自己的好奇心，最終會交織出有意義的結果。

如果賈伯斯當時沒有選修那門課，如今的世界可能會截然不同。麥金塔使個人電腦變得普及，用彩色圖像和圖標取代了命令行，也就是所謂的圖形使用者介面（graphical user interface，GUI），還推出稱為滑鼠的裝置。數百萬創意十足、擅長「右腦思維」的人使用麥金塔後，開創了桌面出版（desktop publishing）的時代、激發出新的教學方法，世界也因此變得更加豐富。別忘了，如果沒有麥金塔的成功，蘋果公司可能早已消失，賈伯斯在 1996 年也不會有可回歸的公司，而世界也許就不會有 iPod、iPhone、iMac、Apple Store、iPad、Apple TV 和 Apple Watch 等創新產品。即使你不曾用過麥金塔，還是應該感謝賈伯斯選修了那門書法課，如果他當時沒這麼做，今天的世界可能會大不相同。

賈伯斯在 2005 年首次公開分享了修書法課的往事，這故事不僅幫助我們理解賈伯斯如何孕育極具創意的想法，也揭示了商業和人生成功的終極祕訣，即順著心之所向。不要將這個啟示視為空泛的老生常談。我向你保證絕非如此。我曾請教過一位研究蘋果長達三十年的分析師：「賈伯斯

的創意祕訣是什麼？」他回答：「書法故事已經道盡推動賈伯斯成功發展的關鍵了。」

巴倫投資之道

羅恩・巴倫（Ron Baron）是紐約市知名共同基金公司巴倫資本集團（Baron Capital Group）的負責人。這家基金公司有七十萬名投資者，管理資產高達一百六十億美元。巴倫很有趣，也是超級富豪（據說他購買了價值超過一億美元的豪宅），而他的年度投資大會更是邀請了如艾爾頓・強（Elton John）和洛・史都華（Rod Stewart）等名人表演。巴倫成長於紐澤西州的阿斯伯里帕克（Asbury Park），他與同樣來自該地區另一位成功的搖滾歌手布魯斯・史普林斯汀（Bruce Springsteen）的共同點是，兩人都有勤奮不懈的工作精神。巴倫當初靠著鏟雪和賣冰淇淋賺得的一千美元，透過投資股市變成了四千美元。

巴倫表示，他的信念是投資人才，而非硬體。他在 2009 年 10 月 23 日的年度大會上，對四千名投資人表示：「我最近讀到賈伯斯 2005 年在史丹佛大學畢業典禮上的演講，我覺得這篇演講特別感人，而且非常貼切地指出我們應該投資哪種人。」[4] 巴倫重述了賈伯斯的故事，提到他在與董事會決裂後辭去蘋果職務的經歷，那段時間讓賈伯斯感到極度沮喪。賈伯斯說：「讓我堅持下去的唯一動力，就是我熱愛自己所做的事。成就偉大工作的不二法門，就是熱愛自己所做的事。」[5] 巴倫最後總結：「我們的經驗是，最優秀的高階主管都是對自己工作充滿熱情的人……就像賈伯斯一樣。」

在過去十年中，巴倫共同基金的表現始終優於整體股市，很少有基金能達到這樣的成就。巴倫的「天賦」在於他對企業主管有敏銳的判斷力，這種能力其實歸結於對人格特質的評估，主要取決於企業領導者及其管理

團隊是否有實現願景的熱情,這就是所謂的「巴倫投資之道」(The Baron Way)。

兩位志同道合的史蒂夫

賈伯斯曾說,加州的矽谷(Silicon Valley)是個成長的好地方,不是因為那裡氣候宜人、風景優美、有好學校、靠近海灘和山脈,或是其他讓人愛上加州的眾多理由。賈伯斯認為矽谷神奇之處在於,它周圍都是工程師,賴瑞・朗(Larry Lang)就是其中之一,他就住在賈伯斯家附近。1995年,在史密森尼口述歷史計畫(Smithsonian Oral History Project)的一次訪談中,賈伯斯回顧了朗的故事,以及在早期矽谷成長的經歷:

> 他真的很了不起,他以前會製造這些電子產品,你可以用「套件」的形式購買,這些Heathkit*還會附上詳細的說明書,教你如何組裝,所有的零件都按照特定的順序排列,還用顏色標記區分,你真的能夠自己動手組裝這些東西。我覺得,這麼做能得到好多收穫,讓人了解成品的內部結構,還有運作方式,因為說明書也包含「運作原理」的部分。也許更重要的是,讓人有一種自己也能製造出世界上各種東西的感覺,這些事物不再是無法理解的謎團。我的意思是,看著一台電視,心想「我沒做過這個,但應該能做得出來」。從這個角度來看,我的童年真的非常幸運。[6]

---

* 譯註:電子設備DIY套件。

賈伯斯有「幸運」的童年，可以盡情地追求自己對電子產品的熱愛，探索事物的運作原理並尋求改進方法。他認識了志同道合的朋友，其中一位是史蒂夫・沃茲尼克。這位年輕人「沃茲」比賈伯斯大五歲，沃茲當時已經上大學，賈伯斯還就讀於庫比蒂諾（Cupertino）的宅基高中（Homestead High School），而這所高中也是沃茲的母校。兩人住得很近，相距大約一英里，透過共同的朋友介紹認識的。「史蒂夫和我一拍即合」，沃茲回憶：「我記得我們倆就坐在人行道上聊了很久，分享彼此的故事，多數是我們惡作劇的經歷，也談到我們做過的電子設計……我們兩個史蒂夫真的有很多共同點，我們談電子學，聊我們喜歡的音樂，也會互相交換故事。」[7]

賈伯斯和沃茲之間的情誼，遠遠超乎對電子技術和惡作劇的共同興趣，基本上是建立在彼此都渴望做自己熱愛的事。沃茲說：「我願意免費設計任何東西，因為喜歡，我做這些事完全是心甘情願。在大學，大家需要打字交報告時，我會自告奮勇說，『我來幫你打字』。甚至熬夜打到凌晨四點，而且從來不收一分錢，我就是超愛打字。當你做自己喜愛的事情時，你根本不會在乎金錢。」[8]

「我希望你像我一樣幸運。這個世界需要發明家，真正偉大的發明家，而你也可以成為其中之一。如果你熱愛自己所做的事，也願意付出必要的努力，就可以實現。你在無數個夜晚獨自思考、反覆琢磨，思索自己想要設計或打造的事物，我向你保證，這一切都是值得的。」[9]

——沃茲尼克，蘋果共同創辦人

別將就！

如果你有幸與賈伯斯進行難得的對話，若請教他成功的企業家需要具備什麼條件時，你認為賈伯斯會怎麼回答？不必猜測，他在 1995 年於史密森尼口述歷史計畫一次罕見的訪談中，已經回答了這個問題：

> 我認為，創業是非常艱辛的過程，你應該先去找像服務生類的工作，直到找到自己真正熱愛的事再說。我深信，成功與不成功的企業家之間最大的區別，有一半來自於純粹的毅力。創業真的很難，你得投入大量時間與精力，還會碰到許多困難，我認為多數人會選擇放棄，我不怪他們，這確實很艱難，會占據你的整個生活。如果你有家庭，又在創業初期，我很難想像一個人怎麼辦到，我相信有人成功過，但過程非常艱辛。基本上，這是每週七天、每天十八小時不間斷的工作，持續很長一段時間。除非你對這件事有很強烈的熱情，否則無法堅持下去，你會選擇放棄。因此，你必須非常熱衷或有想解決的問題或錯誤，這樣才會有毅力堅持到底，我認為這麼做，就已經獲得一半的成功了。[10]

賈伯斯自認很幸運，早在年輕時就發現了自己的熱情所在。然而，在三十歲時，他被解雇了。賈伯斯曾以這句名言：「你打算一輩子賣糖水，還是來跟我們一起改變世界呢？」從百事可樂（Pepsi）挖角約翰‧史考利（John Sculley），擔任蘋果的執行長。經過一場內部權力鬥爭，史考利於 1985 年 5 月成功說服董事會將賈伯斯趕出公司。賈伯斯說：「我人生的

重心瞬間崩塌，我因此深受打擊。」[11] 他視此事為公開的失敗，感覺自己被嚴重羞辱。但不久之後，他開始領悟到這個事實：他還是熱愛自己的工作，他或許被「拒絕」了，但始終熱愛這份事業。於是，他重新振作，開啟了人生中最具創造力的十年，在這段期間，他推出了幾項重大創新，其中之一就是後來徹底顛覆娛樂產業的皮克斯動畫工作室。

2005 年，賈伯斯對一群充滿希望的史丹佛大學畢業生，總結了這段創意時期對他人生的重要性：

> 我深信，讓我堅持下去的唯一動力，就是熱愛自己所做的事。你必須找到自己的熱情所在，不管是對工作和感情都是。工作會占據你人生的一大部分，而讓你真正滿足的唯一方法，就是從事你認為偉大的工作，而成就偉大工作的不二法門，就是熱愛自己所做的事。如果你還沒找到，就繼續尋找，不要勉強將就。一切關乎內心的選擇，一旦找到了，你自然會知道，而正如一段美好的感情，隨著歲月流逝，只會變得愈來愈美好。所以，繼續尋找吧，直到你找到為止，別將就！[12]

多數關於創新主題的書籍和研究都聚焦於深奧的理論、方法和技術。相較之下，如果你研究賈伯斯這位全球最激勵人心的創新者的生平和言論，會發現創新的起點源於熱情，這是每個人都有的。捕捉這份熱情並運用來將創意轉化為產品和服務，正是許多改變世界創新發展的源頭。熱情並不是 MBA 課程會教導的主題，因為熱情是無法輕易放入 Excel 表格中量化的。然而，賈伯斯一再告訴我們，他的成功祕訣就是：「追隨自己的熱情。」

賈伯斯曾表示，二十三歲他的身價已超過一百萬美元；一年後，身價飆升至超過一千萬美元；到二十五歲時，已經突破了一億美元。雖然這樣的成就令人印象深刻，但對他來說並不重要，因為「我做這一切從來不是為了賺錢，我並不追求成為墓地裡最富有的人，對我來說，每晚睡前告訴自己，今天我們做了一些了不起的事，那才是我真正在乎的」。[13] 那麼，對你來說，什麼最重要呢？如果你追求創意的目的是為了致富，也許會有那麼一點成功的機會，但更可能的是，當不可避免的困難出現時，你會選擇放棄。賈伯斯在被蘋果開除後並沒有放棄，而是重新開始，因為他無法想像自己過著沒有熱愛工作的生活。創新如果缺少熱情是無法實現的；若沒有熱情，你幾乎不可能有突破性的創意點子。賈伯斯的成功祕訣「追隨自己的熱情」，如此簡單又直觀，因此在深奧的創新管理理論中常常受到忽略或輕視。然而，賈伯斯本人在他的簡報、主題演講和訪談中，都一再強調這個建議。

　　永遠不要低估熱情在你公司、產品、品牌或事業成功的作用。追求夢想的熱情不見得是事業成功的絕對關鍵，你也許能透過仿效在特定行業賺錢的人，獲得財務上的成功。然而，要實現真正的突破性創新，進而推動社會進步，則需要極大的熱情。那種創新往往來自對某特定領域充滿狂熱執著的人，無論是打造令消費者喜愛的電腦，開發能減少世界對化石燃料

「對我來說，錢真的不太重要，我幾乎把所有的錢都捐給了慈善機構、博物館、兒童團體，任何我能幫助的地方。我覺得金錢好像是一種邪惡的存在，從來不是我的動力來源。我希望維持初心，不會因為蘋果的成功而迷失自我。因此，我選擇回去從事教學工作。當初如果沒有蘋果公司，我早就去教書了。」[14]

——沃茲尼克，蘋果共同創辦人

依賴的技術，研發救命藥物，營造特別吸引人的工作環境，還是任何其他有助於改善人類處境的事業。對這些理念充滿執著的人會無法想像自己從事其他工作，這種執念會讓他們全身心投入、充滿活力，最終激勵他們創造出引領變革的企業、產品和服務。

如果你還沒找到自己的熱情所在，不妨聽從賈伯斯的建議，繼續尋找。根據賈伯斯的說法，工作會占據你人生大部分的時間，成就偉大工作的不二法門就是追隨自己的熱情。如果你還沒找到，不要將就。賈伯斯顯然也是歷經一番探索才找到自己的熱情，他旁聽非必修課程、去印度旅行，甚至在奧勒岡州類似蘋果農場的公社待過一段時間。最終，他結合了對電子產品的熱愛與改變世界的抱負，創造出一系列革命性的設備，造福了數百萬的蘋果忠實用戶和投資者，以及其他無數使用蘋果啟發產品的人。發掘你的熱情，一旦找到了，顛覆性的創意將隨之而來。

» 創新要點

1 你認識的人當中，誰追隨了自己的熱情？仔細觀察他們。他們是否能提出獨特又創新的點子？他們看起來是否比別人更充滿活力、熱情又興奮？不妨多和他們聊聊，你或許能獲得一些啟發，了解他們如何改變無趣的職業方向，轉而追隨自己的熱情。

2 除了工作以外，你有別的興趣或愛好？如果有，不妨深入探索，也許你會驚訝地發現，熱情或許能為你開啟財務成功的大門。

3 今年，自我挑戰嘗試一些新事物吧！比方說，學習一門新課程，閱讀一本書或參加與工作完全無關的研討會。

第 3 章 換個角度，思考職涯發展

> 熱情無法抗拒，只要你用心感受，內心真正熱愛的事物就會不斷召喚你，或許是你心中嚮往的理想、希望和願景，是你心甘情願全心投入的事，唯一的理由就是做這些事讓你感到無比踏實。[1]
>
> —— 史崔克蘭，
> 《化不可能為可能》（*Make The Impossible Possible*，暫譯）作者

　　書法激發賈伯斯開始以不同角度看待世界，並思考如何能讓世界變得更美好。對來自賓州匹茲堡（Pittsburgh）的社區領袖兼作家比爾・史崔克蘭（Bill Strickland）來說，啟發他的則是陶藝。1965 年，史崔克蘭就讀於匹茲堡曼徹斯特社區的奧利弗高中（Oliver High School）。說他「就讀」實在言過其實，當時由於缺課過多，他還差點被退學。直到某個星期三的午後，他走過一間擺滿窯爐、陶器和陶瓷的教室，這一刻徹底改變了他的人生。藝術老師法蘭克・羅斯（Frank Ross）轉向十六歲的他，詢問他：「孩子，我能怎麼幫助你？」羅斯沒料到，這句話將會改變一個年輕人未來的命運，使史崔克蘭成為社會創新的代表人物。

　　我問史崔克蘭學習陶藝如何成為他的人生轉折點時，他表示：「我在城市的黑人貧困社區長大，沒人做陶藝，我以前也從沒見過，這簡直就像

魔法。」他接著說：「這讓我知道，原來有一個全新的世界，是我未曾想像過的，因為這一切從來沒出現在我的視野中。遇見羅斯老師，帶我體驗一切，讓我人生走上正軌、激發了我的夢想。如果不是那堂陶藝課，我可能早就進監獄或死在街頭了。」[2]

相信心中的熱情

陶藝確實拯救了史崔克蘭的人生，也為他在 1968 年創立的曼徹斯特工藝協會（MCG）課後藝術計畫奠定了基礎。史崔克蘭在匹茲堡大學攻讀學士的同時，也經營這個中心，向處於困境的青少年介紹陶藝、攝影和繪畫的魔力。

大學畢業後，榮獲院長獎的資優生史崔克蘭追隨對飛行的興趣，開始上飛行課程，七年後成為布蘭尼夫航空公司（Braniff Airlines）的飛行員。他在週末飛行，在週一早晨回到中心工作（史崔克蘭常開玩笑說，他已經三十年沒好好睡過覺了）。後來布蘭尼夫航空陷入困境（於 1982 年倒閉），史崔克蘭被裁員。他本來可以選擇另一份飛行員工作，一家競爭公司曾向他提供職位，但經過深思熟慮後，史崔克蘭領悟到，雖然他很喜歡飛行，但這並非他的天命或使命，他更想改變世界。史崔克蘭將全部精力投入自己的事業，包括開設課後計畫和新的成人就業培訓計畫。他說：「我在教孩子們做陶藝，幫助鄰居找工作，這不是被迫，而是我自己**想要**這麼做，這就是最大的區別。」

史崔克蘭完全知道賈伯斯所說，被蘋果解雇是他人生中發生過最好的事。根據史崔克蘭的說法，「熱情無法保護你免受挫折，但是能確保你絕不會被失敗打倒」。在史崔克蘭的經歷中，挫折成為學習的契機，讓你能

夠重新調整策略，使願景更清晰。最重要的是，史崔克蘭說，挫折讓你提醒自己，夢想對你有多麼重要。

史崔克蘭是一位「社會創新者」，他的名字被列入匹茲堡史上最傑出的創新者名單當中。其中包括：鋼鐵大亨與慈善家安德魯‧卡內基（Andrew Carnegie），他開發出便宜又高效的鋼鐵生產方式；以及，除了以番茄醬聞名，還發明了蒸汽壓力烹飪、鐵路冷藏車和真空罐裝技術的亨利‧海因茨（Henry Heinz）；研發出脊髓灰質炎疫苗（polio vaccine）的約納斯‧沙克博士（Dr. Jonas Salk）；還有發明了YouTube全新的網路影片分發方式、名叫查德‧賀利（Chad Hurley）的年輕人。史崔克蘭並沒有發明疫苗、新技術或突破性的製造方法，但他的社會變革理念非常了不起又極具影響力。他表示：「如果你將人視為資產而非負擔，就能深刻地改變世界。」

我問史崔克蘭：「在你推動社會創新的成功歷程中，熱情發揮了什麼作用？」他表示：「熱情是推動願景的情感動力，當你的理念受到挑戰、被他人拒絕、遭到『專家』和身邊親近人士的質疑時，熱情就是你堅守的信念，在你的夢想得不到外界認可時，讓你堅持下去的動力。我的願景是想成立能改變外界對窮人看法的中心，我想重新定義社會對貧困的刻板印象。」

史崔克蘭建立的曼徹斯特畢德威爾（Manchester Bidwell）不僅僅是一個中心，更是文化綠洲。成立二十年後，史崔克蘭籌集了足夠的資金實現他的夢想，聘請了曾在法蘭克‧洛伊‧萊特（Frank Lloyd Wright）門下學習的建築師打造新設施，這位建築師也曾設計匹茲堡國際機場（Pittsburgh International Airport）的航站樓。如今，曼徹斯特畢德威爾以美麗的藝術、訂製家具、精緻的廚房和可容納三百五十個座位的世界級音樂廳，接待

貧困的青少年和失業人士。此處舉辦過像「瘋癲小子」吉萊斯比（Dizzy Gillespie）、赫比·漢考克（Herbie Hancock）和溫頓·馬薩利斯（Wynton Marsalis）等爵士巨星的音樂會。

中心的瀑布也迎接著來訪者。史崔克蘭說：「如果你想參與被社會遺棄的人群的生活，你就必須看起來像解決方案，而非問題所在。我認為領取社福補助的媽媽、貧困孩子，還是失業的鋼鐵工人都值得美好的事物，所以我在庭院裡設置了美麗的噴泉。當你踏入時，迎接你的是流水。水象徵生命和人類的可能性。我創造了一個能夠拯救靈魂並帶給人們希望的世界。」

史崔克蘭的貢獻得到了廣泛的認可，他曾受邀前往白宮，獲頒麥克阿瑟基金會（MacArthur Foundation）的天才獎，無論他在哪裡演講，總是受到觀眾的起立鼓掌。曼徹斯特畢德威爾的計畫嘉惠匹茲堡地區數千名學生和成人，還有美國全國十幾個城市中都設有支持相關理念的附屬中心，這個理念認為每個人都有生命價值，都能為社區的機構貢獻一己之力。

史崔克蘭之所以獲得讚譽，並不是因為他立志成為創新者，而是由於他選擇追求賦予他生命意義的使命。因此，他成立的機構被認為創造出有成效的社會創新理論：每年參與計畫的三千多名學童中，其中有80%完成高中學業並進入大學，而曼徹斯特畢德威爾也幫助成人進入匹茲堡的許多大型企業就業，包括匹茲堡大學；史崔克蘭本人也在該校擔任董事會成員。

史崔克蘭打造的非營利組織如今成為哈佛商學院（Harvard Business School）創業課程必讀的案例研究。史崔克蘭說，哈佛優秀的年輕學子都曾對他提出尖銳挑戰，列出他應該失敗的各種理由，但他們忽略了成功的

「熱情是天才的起源。」
　　　　　　——安東尼·羅賓（Anthony Robbins），心理勵志專家

關鍵要素。新一代創業家正在學習簡單的創新課程，這課程並不會出現在PowerPoint簡報或電子表格中，而是史崔克蘭和賈伯斯數十年來不斷宣揚的理念：順著心之所向，不要勉強牽就不符合自己人生使命的道路。史崔克蘭說：「對失敗的恐懼可能會扼殺任何人追求非凡生活的夢想，而克服這種恐懼的辦法，就是相信自己心中的熱情。」

歷經 5,126 次失敗

　　按照定義，發明家都是失敗者，他們失敗的次數遠多於成功。英國發明家詹姆斯・戴森（James Dyson）對工程學、設計和吸塵器充滿熱情。沒錯，就是吸塵器（每個人都有自己熱衷的事物）。1978 年，他對市面上吸塵器的性能感到失望，因為這些機器在吸塵的過程中會失去吸力，問題出在吸塵袋上，在吸入髒東西時會被堵住，導致吸力減弱。戴森在藝術老師妻子的支持下，花了五年時間努力實現自己的想法，直到第 5,127 次嘗試，才成功研發出一款雙旋風無袋吸塵器的原型。

　　戴森說：「我幾乎每天都想放棄，但年輕時參加過長跑，從一英里跑到十英里，我相當擅長這項運動，不是因為身體好，而是因為我很有決心。我學到的經驗是，當你想放慢腳步時，正是應該加速的時刻。在長跑中，你會經歷痛苦的瓶頸，撰寫研究開發計畫或開展任何事業也一樣，總會有可怕的時刻，失敗似乎就在眼前，但其實只要你再多堅持一會兒，就能開始突破困境。」[3]

　　多數人可能經歷最初幾次的挫折後就會選擇放棄，但戴森堅持下來了。他享受失敗，這正是工程師的本能，他們會不斷地實驗、測試、嘗試新想法，並從中獲得樂趣。如果你對某事不感興趣，不妨去做其他事，

因為突破成功的機會對你來說非常渺茫。戴森說：「我不介意失敗。我一直認為，學校應該根據學生經歷失敗的次數來評分，那些勇於嘗試不同事物、經歷很多失敗才達成目標的孩子，可能更具創造力。」[4]

戴森為自己 5,126 次的失敗感到驕傲，他把這段艱辛歷程寫成小冊子，名為《戴森故事》(*The Dyson Story*)，隨銷售的每部吸塵器贈送。雖然他花了五年才完成這個產品，但這只是一個起點。戴森多次遭遇全球知名企業的拒絕，包括 Hoover。這些高層目光短淺，只看到銷售吸塵器袋帶來的即時利潤；雖然承認戴森的發明很不錯，還是拒絕了這項創新。戴森曾說，憤怒和挫折感是他主要的動力來源，同時也因為需求的存在。既然沒有公司願意購買他的發明，戴森便決定直接賣給消費者，但不是在英國，他選擇了日本市場。日本消費者對戴森的設計和功能大加讚賞。最終，戴森吸塵器也在家鄉市場取得了成功，成為英國最暢銷的吸塵器，超越了那些曾拒絕這個產品的製造商。Hoover 有位高層後來也直言不諱地承認：公司當初應該買下戴森的發明，將之束之高閣，讓它永遠無法問世，這麼一來，公司的市場主導地位也就不會受到威脅了。對許多企業領導者來說，創新（能夠改善人們生活的新點子）永遠不會成為公司文化的一部分。

《富比士》(*Forbes*) 的記者曾詢問戴森，為什麼許多企業聲稱想要聘請創新人才，但最終卻選擇了多年來在不同企業從事相同職務的「傳統員工」。戴森回答：

> 問題在於，現在的招聘過程往往由人力資源部門和獵頭公司主導，還需要填寫一堆表格，他們只會根據表格內容來篩選符合條件的人選。我向來很反對選擇聘用有同行業經驗的做法。我尤其討厭「立即上手」這種糟糕的觀念。有時這樣的人

選或許很適合你的公司，但多數時候，他們的經驗可能並不適用，需要重新培訓。所以我更傾向於聘請剛從大學畢業的人，或來自不同領域、但有過獨特工作經歷的求職者。然而，要讓招聘人員改變觀念，真的不太容易。[5]

「讓我刮目相看！」

戴森的觀察與蘋果公司招聘員工的理念不謀而合。雪倫・艾比（Sharon Aby）從1983年到1996年任職於蘋果，其中三年負責招聘工作。在一次個人訪談中，她向我透露：

> 我們不希望招募只想著退休後能領取金錢獎勵的員工，我們要的是有創業精神、已展現過實力的「贏家」（即使剛從大學畢業，但在學期間表現優異）、充滿活力，以自身貢獻而非職位頭銜來定義過去工作經驗的人。我們招聘不限於特定產業，而是源自各行各業的優秀人才。我們相信創意無所不在，最關鍵的特質就是：追求卓越。我們尋找對創造新事物充滿熱情的人，作為招聘人員，我們不輕易妥協。我曾和一些主管爭論過，他們希望能快速填補職缺，好讓專案順利啟動，但就算要花上六個月才能找到最合適的人選，他們也只能耐心等。我們尋找的是對創新充滿活力的人，我們的座右銘是：「讓我刮目相看！」[6]

賈伯斯、史崔克蘭和戴森各自走上了不同的成功創新之路，但他們的經歷都傳達著相同的啟示：不要讓你的熱情熄滅，擁抱熱情、陶醉其中，

並藉此讓自己脫穎而出，要順著心之所向，而不是隨波逐流。如果你選擇大學科系，只是為了迎合父母的期望，很可能會對課程感到乏味，而非充滿動力。如果你選擇創業或加盟某個產業，只是因為鄰居經營得不錯，你的成功機率很可能不如預期。如果你選擇這份職業，只是因為親戚去年大賺一筆，你最終很可能會覺得人生空虛。最重要的是，當你面對不可避免的障礙與挫折時，唯有熱情能讓你堅持到底。

絕妙好滋味！

美食頻道明星瑞秋·蕾伊（Rachael Ray）展現了活潑開朗又親切的個性，成為媒體常客。由於家族從事餐飲業，在麻薩諸塞州的科德角（Cape Cod）經營多家餐廳，蕾伊從小幾乎是在廚房長大的。1995年，蕾伊在紐約市梅西百貨（Macy's）的糖果專櫃展開烹飪生涯。在歷經多個餐飲相關工作後，她決定離開大城市，搬到紐約州北部生活，蕾伊以勤奮和熱情工作態度著稱，最終成為奧爾巴尼（Albany）一家美食店的食品採購員。

有時需求是創新的催生者，這也正是蕾伊最受歡迎的創意來源，當熱情與需求相遇時，就會產生奇蹟。蕾伊開始販售愈來愈多她親自備料、烹調的即食料理。隨著這些即食料理大受歡迎，店裡的生鮮食品銷售開始下降，「於是，我四處詢問我的顧客：『你們為什麼不下廚？為什麼不買新鮮食材呢？』大家的回答都一樣：『我沒有時間，自己煮飯太麻煩，買現成的比較方便。』」[7]

「當你的生活與人生目標契合時，你將發揮最強大的力量。」

——歐普拉

蕾伊的創新點子是開設「三十分鐘料理」課程，她認為，如果人們願意花三十分鐘等披薩外送，應該也會願意嘗試只要三十分鐘就能完成的食譜。然而，蕾伊遇到了難題：當地沒有廚師願意以微薄的報酬教這些課程，因此她決定親自授課。當地電視台提供她一個晚間新聞的烹飪節目，除了提供一點食材補助外，並未支付她任何報酬，蕾伊還是毫不猶豫接受了這個機會。事實上，她在這些節目還虧了錢，不過，蕾伊並不在乎沒有得到報酬，她直覺上知道，追隨自己的熱情會帶來更多機會，雖然她不確定未來有什麼發展，但她相信追隨熱情將會改變一切。

無論信念多強大，蕾伊也料想不到接下來發生的事。奧爾巴尼當地的節目為她贏得了 NBC《今日秀》（Today）的邀請。美食頻道的電話邀約也隨之而來，邀請她主持「三十分鐘料理」節目。如今，蕾伊已成為該頻道多檔節目的主持人，銷售數百萬本食譜書籍、擔任自己的雜誌編輯、主持白天脫口秀，還推出了自己的廚具產品系列。等你讀到這段話時，蕾伊很可能又拓展了個人事業版圖，開創了新的概念，這也絲毫不令人意外。

2008 年，蕾伊出席在加州長灘市（Long Beach）的女性會議（Women's Conference），這是瑪麗亞・席萊佛（Maria Shriver）* 所創辦的年度活動，旨在激勵女性活出精采的自我。這個會議吸引了數百名女性，其中不少是企業家。在一場小組討論中，女演員維拉麗・貝廷內利（Valerie Bertinelli）向蕾伊請教，她給在場女性最重要的建議是什麼。蕾伊表示：「我認為，只要妳熱愛自己的工作，奇蹟自然會發生，由於受到強烈熱情的驅使，妳會比任何人都更努力。最重要的是，別把時間浪費在無法改變的事物或別人

---

* 編按：美國女演員、記者兼作家，是阿諾・史瓦辛格的前妻，美國第三十五任總統約翰・甘迺迪（John F. Kennedy）的外甥女。

對妳的看法上。」[8]

創業充滿挫折，但只要你聽從內心的聲音——引用史崔克蘭的話，用心感受那些「不斷召喚你」的想法——失敗絕對不會是最終結局。也正如蕾伊展示的，創新的解決方案總是在轉角處等著你。

逆襲人生，創造奇蹟

賈伯斯承認他很幸運能夠在年輕時就發現自己的熱情，因為多數人並沒有那麼幸運，他們一直為：「我對什麼充滿熱情？」的問題而掙扎。在商業中找到熱情並不容易，怎麼知道自己找到了呢？為了尋求建議，我向一位親身經歷從貧困到富裕精采故事的人請教，這個故事甚至改編成好萊塢電影，由全球知名演員威爾・史密斯（Will Smith）主演。克里斯・葛德納（Chris Gardner）的著作《當幸福來敲門》（The Pursuit of Happyness）啟發了同名電影的誕生（標題中的 Happyness 是故意拼錯的，這是他當時在努力尋找工作期間，將兒子送到可疑的托兒所招牌上出現的字）。

1981 年，葛德納在迪恩・威特・雷諾茲證券公司（Dean Witter Reynolds）無薪實習時，他和兩歲的兒子在街頭流浪了一年（在我為《彭博商業周刊》（Bloomberg BusinessWeek）線上撰寫的一篇採訪文章中，葛德

「當你受到某個偉大目標或非凡計畫激勵時，所有的思想都會打破束縛：心靈超越界限，意識向四面八方擴展，也會發現自己置身於全新、廣闊又奇妙的世界。那些沉睡的力量、才能和天賦都會被喚醒，你會發現自己變成比當初夢想中更偉大的人。」

—— 帕坦伽利（Patanjali），古印度哲學家

納告訴我,電影製作人選擇五歲的男孩來扮演兒子角色,以便兩人能進行對話,但事實上,他兒子當時還在包著尿布)[9]。葛德納和兒子晚上在加州奧克蘭(Oakland)BART 地鐵站的洗手間尋找庇護,當時,同事們對此事一無所知。葛德納最後終於成為股票經紀人。兩年後,他離開並加入貝爾斯登公司(Bear Stearns),成為頂尖收入者。1987 年,他在芝加哥創立了自己的葛德納・瑞奇證券經紀公司(Gardner Rich)。如今,葛德納成為百萬富翁、勵志演說家、慈善家,也是國際企業家,他還發起了投資南非的私募股權基金,南非全民精神領袖曼德拉(Nelson Mandela)是他的基金合作夥伴。對於在六年前創立自己的經紀公司之前,還「背著孩子、在貧困中掙扎、奮力爬出人生低谷」[10] 的人來說,這真是非常了不起。

在為《彭博商業周刊》撰寫的專題採訪中,我問葛德納:「什麼事情改變了你的人生?」

他告訴我:「熱情是最重要的關鍵,事實上,你需要對自己做的事有近乎狂熱的執著。」

葛德納對企業家或轉職者的建議是:「大膽去追尋自己真正熱愛的事,那可能不是你受過訓練的專業領域,但你要有足夠的勇氣去做。不需要別人的理解,只有你自己知道。」

「你怎麼確定自己找到了熱情所在呢?」我問。

「找到自己熱愛、每天早上都迫不及待起床去做的一件事。」[11]

想一想這句話。你目前在做的事是不是讓你如此熱衷,每天早上都迫不及待起床去做呢?如果不是的話,賈伯斯會怎麼說呢?他會告訴你:「繼續尋找,別將就!」

創新需要創意與活力,而熱愛自己所做的事會產生動力,讓你不斷努力奮鬥、追求理想生活。熱情不是口頭說說,而是內心真實的感受,每個

人也都能從你身上看見。當對工作充滿熱情時，你會照亮整個房間——你的眼神、肢體語言和語音聲調都會自然流露。熱情能改變你的世界，也能影響你接觸的每一個人。

發掘個人天賦

肯‧羅賓森博士（Dr. Ken Robinson）在《讓天賦自由》（*The Element*）中，講述了關於八歲女孩吉蓮的精采故事。吉蓮在學校表現不佳，經常錯過截止日期、考試成績差，又很容易分心。這是發生在一九三〇年代的真實故事，校方認為吉蓮有問題，應該送去特殊學校。吉蓮的父母帶她去學校心理諮商，心理學家花了大約二十分鐘詢問吉蓮的母親，也在交談過程中不時觀察吉蓮，並在心中註記。接著，他請吉蓮在辦公室稍待片刻，要和她的母親單獨談話。在離開辦公室之前，心理學家打開收音機。辦公室有一扇窗戶，心理學家和吉蓮的母親在走廊上看著小女孩。「吉蓮站了起來，隨著音樂在房間裡舞動」。兩位大人靜靜地站著，注視了幾分鐘，被女孩的優雅深深吸引。任何人都能注意到吉蓮的動作充滿自然，甚至是原始的力量。最後，心理學家轉向吉蓮的母親說：「妳知道嗎？琳恩女士，吉蓮沒有問題，她是一位舞者，送她去舞蹈學校吧。」[12]

這個小女孩確實在隔週就轉學到舞蹈學校。吉蓮‧琳恩（Gillian Lynne）從未失去對舞蹈的熱情，她進入倫敦皇家芭蕾舞學院（Royal Ballet School），遇到英國知名音樂劇作曲家安德魯‧洛伊‧韋伯（Andrew Lloyd Webber）。韋伯創造出歷史上最成功的音樂劇作品，包括《貓》（*Cats*）與《歌劇魅影》（*The Phantom of the Opera*）。羅賓森寫道：「吉蓮不是問題兒童，並不需要去特殊學校，她只需要做真實的自己。」[13] 羅賓森和其他研

究人類潛能的科學家一致認為，最成功的人往往是不計報酬、追隨自己熱情的人。羅賓森表示：「他們追隨自己的熱情，認定這是人生中再自然不過的選擇。許多人為了財務穩定而放棄熱情，去追求自己其實不感興趣的事。然而，事實是，你為了『維持生計』而選擇的工作，在未來十年可能會轉移到國外。如果你從來沒學會創意思考、探索自己真正的潛力，到時該怎麼辦呢？」[14] 羅賓森認為，要在全球知識經濟中競爭，大家將會鼓勵創造力和創新，我們必須換個角度思考自己的教育、職涯和商業選擇。

沒有人擅長所有的事，但每個人都有自己擅長的領域。根據羅賓森等專家的說法，成功創新的關鍵在於將你的熱情與天賦（即核心能力）結合。有時需要正確的指引去發掘自己的優勢，提醒自己發揮個人天賦。以我的客戶 SanDisk 前執行長伊萊・赫拉利（Eli Harari）為例說明。

SanDisk 是我多年來有幸合作的眾多科技公司之一，該公司是當時全球最大的快閃記憶卡製造商＊，這些記憶卡能儲存數位相機、智慧型手機等設備中的圖片、影片和音樂。公司的共同創辦人赫拉利被譽為「快閃記憶體之父」（father of flash），他總是開心地提醒我，他的創新啟動了數位相機革命。赫拉利正是熱情與天賦相結合的典範。他是以色列移民，帶著一千美元來到美國，在普林斯頓大學（Princeton University）專攻物理學和半導體，取得固態科學博士學位。後來，他搬到西岸加州，立志改變世界。由於他對發明事物充滿熱情，決定將這股熱情投入到製造下一代最棒的……釣魚竿上。沒錯，就是一根釣竿和一個捲線器，但這不是普通的釣魚竿，而是最先進、可伸縮型的釣魚竿。他曾讀到美國有 2,600 萬的釣魚

＊ 編按：根據 Global Growth Insights 2025 年 7 月 14 日更新的報告指出，目前快閃記憶卡最大市占率是 Samsung 26.3%，SanDisk 是 21.7%。

愛好者，因此決定追求這個創意。不過，赫拉利本身從沒釣過魚，經過多次嘗試發明新型釣竿失敗後，赫拉利對釣魚的熱衷並未得到妻子的支持，她讓他清醒過來。他們當時的對話大致如下：

「全世界有多少人像你一樣這麼懂物理學和半導體？」她問。

「大概一百個吧。」赫拉利回答。

「你為什麼不專注在自己最擅長的領域呢？」她建議。

赫拉利心想，妻子說得很有道理。SanDisk 以 190 億美元的高價出售了。*赫拉利對發明的熱情，只有被正確引導到與自身專業優勢結合時，才能轉化為創新成果。

光有熱情是不夠的，但是當熱情與天賦能力結合時，確實能改變世界。賈伯斯將他對電腦的熱情，與他在電子學、設計和市場行銷方面的天賦結合，這種終極組合成功地將個人電腦從新興市場轉化為普羅大眾的生活工具。

我能勝任，我能領會，我也樂在其中

詹姆斯・派特森（James Patterson）的第一部小說於 1976 年出版，當時只賣出大約一萬本。如今在美國，每十七本售出的精裝書中，就有一本是他的作品。派特森原本是廣告業高層，後來進入出版界，顛覆了作家的角色定位，為圖書出版帶來創新，包括邀請擅長不同系列或題材的作者共同合作創作新書。《紐約時報雜誌》（The New York Times Magazine）指出，在廣告界或電視等其他創意產業，這種合作模式或許司空見慣，但在當時

---

* 編按：2015 年 10 月 21 日硬碟廠商西部數據（Western Digital）宣布收購。

將這種方法應用於小說創作上，卻是創新之舉。

派特森對於創作具商業吸引力的犯罪小說充滿熱情，這份熱情讓他在遭遇無數次退稿後依然堅持下去；他的第一部小說手稿《湯瑪斯・貝里曼密碼》(The Thomas Berryman Number，暫譯) 曾被多家出版社拒絕。在經歷過十幾次的挫敗後，這部作品終於問世，而當時住在紐約市小公寓裡用打字機寫作的派特森，最終還贏得美國推理作家協會（Mystery Writers of America）極具聲望的愛倫坡獎（Edgar Award）。如果派特森在1969年從曼哈頓學院（Manhattan College）畢業後沒有聽從內心的指引，數百萬的粉絲可能就無緣享受他的驚悚小說帶來的樂趣。派特森原本在范德堡大學（Vanderbilt University）深造，希望將來成為英國文學教授，但一年後便輟學。他說：「我發現自己熱愛兩件事，就是閱讀和寫作。如果我成為大學教授，我知道這兩個興趣最終都會被消磨殆盡。」[15]

派特森表示，他喜歡閱讀像《大法師》（The Exorcist）和《豺狼之日》（The Day of the Jackal）這類的暢銷書，他領悟到：「我能勝任，我能領會，我也樂在其中。」[16] 賈伯斯在追求電腦商業化的過程中也有類似的體悟。他有自信能夠勝任，也懂電子學，雖然不如沃茲尼克那麼精通（沃茲尼克是Apple I 和 Apple II 的製造者），但也相去不遠（賈伯斯在初中時參加過科展，製作出一種可控制交流電的矽控整流器裝置〔silicon-controlled

---

「我很幸運能夠在電腦產業才剛發展、充滿理想主義的時期，進入這個領域。當時很少有學校提供計算機科學學位的課程，所以進入這一行的都是來自數學、物理、音樂、動物學等各個領域的聰明人。他們都熱愛電腦，當時真的沒有人是為了賺錢而來的。」[17]

—— 賈伯斯

rectifier〕）[18]。最重要的是，賈伯斯也樂在其中。熱情與天賦相結合，這種力量絕對足以改變世界。

大企業如何激發車庫式創新思維？

賈伯斯和沃茲尼克最終各自辭去在雅達利（Atari）和惠普（Hewlett-Packard）的工作，共同創立了蘋果。然而，追隨你的熱情並不代表一定得辭掉工作，在車庫裡創業。我有個朋友是百萬富翁，完全可以選擇在沙灘上做日光浴、享受人生，但他每天仍在矽谷的一家《財星》五百強公司工作。他是工程師，熱愛自己的職業，從不曾有過從事其他工作的念頭。他對創業不感興趣，認為新公司無法提供像在領先市場穩定發展企業所享有的資源。另一位好朋友是公司裡最優秀的銷售員，她也沒有創業的計畫，只要公司的產品或服務能為客戶帶來真正的價值，她對銷售就充滿熱情。你瞧，多數人並不是因為想在自家車庫創業才離職的，而是因為他們沒有受到啟發。

許多有遠見的企業都會推動「內部創業精神」（intrapreneurship），鼓勵員工在大企業環境中也能像創業家一樣行事。這些公司會給員工時間追求自己的熱情，並鼓勵冒險創新。事實上，賈伯斯早在 1985 年就討論過這個概念。在《新聞周刊》（Newsweek）的專訪中，賈伯斯表示：「蘋果麥金塔團隊就是所謂的企業內部創業（這個詞幾年前才被提出），這群人基本上就像在一家大公司裡，發揮車庫式創業精神。」[19]

谷歌是培養內部創業精神的公司，曾推行非常創新的職場制度，鼓勵工程師每週撥出一天，即 20% 的工作時間，投入自己真正熱衷的事。谷歌深信這個理念，甚至以此作為公司招聘人才的賣點。「自由創新時間」

（Innovation Time Off）滿足了工程師對意義和自我實現的需求，同時也促進了能為公司帶來益處的創新產品開發，包括 Gmail、Google News、Google Suggest、AdSense for Content 和 Orkut 等，都是在這段創意時間孕育而生。谷歌高層認為，谷歌 50% 的新產品都歸功於這 20% 的自由時間。

有些公司雖然沒有內部創業的系統，卻樂於重新思考傳統的雇員與雇主關係。我在 Ketchum 這家全球公關公司擔任副總裁時，公司認可我對傳播溝通和故事講述的熱情，讓我擔任公司重要客戶的媒體訓練、訊息傳播和簡報技巧的教練。公司甚至支持我追求創業夢想，與我合作打造了獨特的混合角色，讓我將一部分時間投入 Ketchum 的專案計畫，其餘時間則致力於建立我作為作家和演講者的個人品牌。最終，由於公司需要我付出更多心力，我因此離開了 Ketchum。然而，Ketchum 並未將我的離職視為損失，反而與我簽約，讓我為其他客戶提供服務，無論是仍希望與我合作的老客戶，還是新客戶。這段關係得以發展，滿足雙方的需求，也讓我能追隨自己的熱情。

不要浪費時間過別人的人生

2009 年，我去紐約市與年輕的企業家克雷格・埃斯科巴（Craig Escobar）碰面，他希望我協助打造線上競賽社群的品牌資訊。由於當時美國正處於大蕭條以來最嚴重的經濟低迷時期，我覺得他非常大膽，竟然打算在此時創辦新公司。埃斯科巴告訴我：「我曾經是一位成功的財務顧問，當時才二十三歲，就開著全新的賓士 SL500，還管理龐大的團隊。」[20]

「這是很多人夢寐以求的生活，你為何選擇離開？」我問他。

埃斯科巴打開他的筆記本，遞給我一份文件，我一眼就認出來了，那

正是賈伯斯在 2005 年史丹佛大學的畢業典禮演講內容。

「我讀到這篇演講後，又繼續做原本的工作好幾年，因為大家都為我感到驕傲，而且薪水也不錯。」埃斯科巴說：「但我並不喜歡這份工作，那不是我的熱情所在。當賈伯斯被蘋果解雇時，他曾說，唯一讓他堅持下來的理由就是他熱愛自己做的事，他勸告我們每個人都要去發掘自己的熱情所在，不要將就！我當時日子過得很安逸，也算很『成功』，但內心並不充實。他這番話激勵我去尋找一條真正能讓我充滿動力的道路。」

埃斯科巴決定結合他對娛樂、競爭和創業的三大熱情，與他的音樂家好友柯林特（Clint）一起打造為音樂人提供線上競賽平台的構想。埃斯科巴表示：「當我發現其他公司也在做類似的事情時，我瞬間跌入谷底。」然而，他想起賈伯斯在被蘋果解雇後並沒有放棄，事實上，還繼續創新，創辦了電腦與軟體公司 NeXT 和皮克斯動畫工作室。受到啟發後，埃斯科巴將單純舉辦音樂競賽的最初想法，轉變成更廣泛的競賽平台，讓表演者可以在多個類別中競爭，包括音樂、喜劇，甚至是商業簡報等。

埃斯科巴的故事並不罕見，我認為賈伯斯本人可能不知道，他的話語對世界各地許多人產生深遠的影響，無論男女、領導者或經理、企業家或有志創業的人，他們都受到啟發，知道最好的創意來自追隨自己夢想的人。賈伯斯曾說過：「你的時間有限，不要浪費時間過別人的人生，追夢若飢、執著若愚。」

≫ 創新要點

1 追隨自己的熱情,如果還沒找到,就繼續尋找,別將就!

2 如果你發現自己被困在不喜歡的工作中,不妨從今天開始就採取行動,哪怕只是小小的一步,也要努力去尋找真正符合個人技能與志向的公司或職位。如果你對自己的工作缺乏熱情,也就不可能會有足夠的靈感創造出令人興奮的創新。

3 如果你在大型企業中負責管理團隊,不妨培養「內部創業精神」,給員工時間、資源和鼓勵,讓他們追隨自己的熱情、發展新點子;最重要的是,培養敢於冒險、挑戰失敗的信心。

致勝心法 2
在世界留下印記

我們在賭未來的願景，
我們寧願冒險，也不願製造「跟風」產品，
我們總是在追求下一個夢想。

―― 賈伯斯

第 4 章 ≫
激勵熱情的支持者

> 想像力是創造的起源,你想像自己所渴望的,
> 下定決心去實現這個想像,最終創造出自己想要的結果。
>
> —— 蕭伯納（George Bernard Shaw）*

蘋果於 1977 年 6 月推出 Apple II,成功掀起了個人電腦革命。這款電腦是由沃茲尼克設計的,配備螢幕、內建鍵盤、彩色圖形、音效和軟碟機,使「微型電腦」普及化,價格更親民,成為當時最暢銷的個人電腦之一。這款產品使蘋果躍升為業界公認的品牌,也為蘋果 1980 年的成功上市與 1984 年麥金塔電腦的推出,奠定了基礎。

然而,Apple II 推出時,蘋果還只是一家小公司,落腳在庫比蒂諾 The Good Earth 餐廳後方的一處小辦公室。正如其名,這家餐廳是推行健康飲食的先驅之一,以燕麥果仁煎餅、素食餐點和全麥麵包聞名矽谷,這類食品當時尚未成為全美休閒連鎖餐廳的主流選項。蘋果早期的員工常在這裡聚會,包括共同創辦人賈伯斯。雖然這家餐廳早已不存在,蘋果也從

---

* 編按：愛爾蘭的劇作家,被譽為英國文學史上最詼諧的作家。1925 年因作品具有理想和人道主義,榮獲諾貝爾文學獎。

當初的小辦公室搬遷至位於無限環路一號（One Infinite Loop）的全球總部，距離原址僅一英里，然而，對專為醫療保健行業開發無線技術應用的公司 Voalté 的執行長羅伯・坎貝爾（Rob Campbell）而言，當年在這家餐廳舉行的特別午餐會議至今仍讓他印象深刻。

1977 年，二十二歲的坎貝爾，在丹佛（Denver）一家小型軟體公司，擔任程式設計師。坎貝爾後來為 Apple II 設計了第一款通用會計軟體，他對於正在興起的個人電腦市場感到興奮，並積極尋找能投身這場科技革命的機會。賈伯斯注意到這位年輕的技術奇才，特地邀請他前往加州會面。

2010 年，如果有人接到賈伯斯的親自來電，恐怕就會立刻搭上飛往聖荷西機場（San Jose airport）的航班。但在 1977 年，賈伯斯還不是傳奇人物，坎貝爾對他的了解也不多，因此在與賈伯斯會面之前他先做了一番功課，先去拜訪了蘋果的競爭對手泰迪（Tandy）和康莫多（Commodore）。他首先來到位於德州沃思堡（Fort Worth）的泰迪公司。

坎貝爾問泰迪的高層：「你們對個人電腦的未來發展，有什麼看法？」對方回答：「我們認為這可能會是大家節日願望清單上的下一個熱門商品，就像之前爆紅的 CB 無線電對講機（CB radio）＊一樣！」[1]

泰迪在 1973 年收購了 Radio Shack 公司†，在接下來的二十年間，將門市據點擴展到全球七千多家。七〇年代是 Radio Shack 公司成長的黃金時期，主要得益於 1977 年 CB 無線電對講機的熱潮。泰迪稱 CB 對講機為「能源危機下的求生利器」，多虧了民用頻道的成功，泰迪創下歷來最強勁

＊ 編按：無線電對講機的一種，也稱為民用頻道無線電對講機（citizens band radio），在台灣與「低功率無線電對講機」都不用申請執照。

† 編按：最初是業餘無線電郵購公司，收購後，成為美國電子產品零售商。

的假期銷售季,並對隔年熱銷產品充滿期待。其中,TRS-80 微型電腦正蓄勢待發,Radio Shack 公司的首波廣告將這款電腦標榜為「價格親民」,當時僅售六美元,並鎖定學校、家庭、辦公室和愛好者市場。

那一年,CB 無線電對講機風靡一時,長途卡車司機帶動了熱潮,還經常出現在流行文化中,例如電影《追追追》(Smokey and the Bandit)和《超跑狂飆大賽》(The Gumball Rally,暫譯),以及麥考爾(C. W. McCall)的流行歌曲《Convoy》*。CB 無線電是七〇年代最熱門的潮流之一,泰迪認為他們即將推出的個人電腦會掀起另一股熱潮。然而,潮流總是來來去去,坎貝爾對於追趕流行並不感興趣。

坎貝爾結束與泰迪無趣的會議後,又拜訪了康莫多,這家公司最初製造收銀機,直到 1977 年 6 月才正式進軍個人電腦市場,推出一款電腦名為 PET,意旨「個人電子處理器」(Personal Electronic Transactor),此名稱談不上吸引人,但康莫多認為這個縮寫能讓科技產品更有親和力。PET 是康莫多第一款全功能電腦,而當時該公司的股價甚至還不到一美元。

坎貝爾問康莫多的高層:「你們對個人電腦的未來發展,有什麼看法?」他們興奮地回答:「我們認為個人電腦能讓我們的股價突破兩美元一股!」股市變動無常,坎貝爾對於幫助公司提升股價並不感興趣。

坎貝爾告訴我:「接下來,我見到了史蒂夫和邁克・馬庫拉(Mike Markkula)。」馬庫拉比賈伯斯年長十二歲,在兌現前東家英特爾(Intel)的股票期權後,累積了一些財富。馬庫拉對蘋果投資了 25 萬美元,成為蘋果的股東之一和第三號員工,同時在管理方面成為年輕賈伯斯的啟蒙導

---

* 編按:C.W. McCall 是 William Dale Fries Jr. 的歌手藝名,帶動美國一九七〇年代的經典鄉村音樂和卡車司機音樂風潮,特別是 1975 年熱門舞曲《Convoy》在美國和加拿大都登上音樂排行榜,且激發大家自由與叛逆的文化。

師。馬庫拉也在 Apple II 的技術創新中發揮了關鍵作用。根據沃茲尼克的說法，正是馬庫拉說服他為這台電腦設計軟碟機，這功能使得 Apple II 與競爭對手有所區隔。坎貝爾與馬庫拉和賈伯斯坐下來共進午餐，當時賈伯斯還是「穿著藍色牛仔褲、留長髮的年輕小子」。

坎貝爾問蘋果的高層：「你們對個人電腦的未來發展，有什麼看法？」坎貝爾說，雖然已經過了三十多年了，回想起接下來的情景依然讓他激動不已。

「賈伯斯是個充滿魅力的說故事大師，在接下來的一個小時裡，他生動地描繪出個人電腦如何徹底地改變世界，影響到我們的工作模式、教育孩子的方式，甚至娛樂方式，你會不由自主地被他說服了。」

坎貝爾確實被說服了，也開始為蘋果工作。

「賈伯斯與其他領導者最大的不同是什麼？」我問坎貝爾。他表示：「史蒂夫眼界非凡，能預見未來發展。」[2]

眼界非凡

賈伯斯並不是發明個人電腦、MP3 播放器、智慧型手機和平板電腦的人，但他針對這類產品進行創新，推出了麥金塔、iPod、iPhone 和 iPad。他也沒有發明電腦動畫，更不是第一個直銷電腦的人，但他針對這些概念進行創新，推出皮克斯動畫工作室和蘋果專賣店，顛覆了產業發展方式。雖然很少有大公司像蘋果那般與創辦人緊密相連，但賈伯斯並非一枝獨秀。他深知自己也有不足之處。他的「眼界非凡」，能吸引業界最優秀的人才。他們也深受啟發，致力於實現夢想。蘋果的每一項創新，都始於大膽的願景和源源不絕的靈感。

創新不是獨角戲，很難由個人獨自構思、設計並完成。新點子若要成功推向市場，通常需要一群富有創意與熱情的支持者，積極推動將之付諸實行。賈伯斯雖然廣為人知，但在蘋果早期的發展中離不開其他重要合作夥伴，例如沃茲尼克、傑夫·拉斯金（Jef Raskin）*、馬庫拉和科特基，如果沒有他們和賈伯斯一同懷抱「讓電腦走入大眾生活」的願景，也就不會出現麥金塔和蘋果了。賈伯斯去世之前，他身邊同樣聚集許多才華橫溢的創意人才，例如設計大師強尼·艾夫（Jonathan Ive）†、總裁提姆·庫克（Tim Cook）、前行銷副總裁菲爾·席勒（Phil Schiller）‡等人。記住，創意構想只有真正轉化成實用的產品或服務，能改善人們的生活，才算是創新。賈伯斯的任何點子，若無法激勵他人共同實現夢想，都難以轉化為成功的創新，而這些人正是受到賈伯斯的願景啟發，才會願意與他一起並肩奮鬥。

　　蘋果公司前策略與行銷高階主管特里普·霍金斯（Trip Hawkins）曾形容說：「史蒂夫有種幾乎令人敬畏的遠見，當他堅信某件事時，願景信念之強大，幾乎能夠徹底消除所有的反對意見或障礙，彷彿那些問題根本不存在。」[3] 如果說熱情是激發創新者追求夢想的動力，那麼遠見則是指

---

* 編按：被譽為麥金塔之父，是麥金塔團隊的啟動者，並以他最喜歡的蘋果種類 McIntosh 取名，但因為已是商標，因此改名為 MacIntosh。後與賈伯斯在理念上有分歧，離開蘋果公司。

† 編按：被認為蘋果創造了多款代表性產品。2019 年離開蘋果公司，與著名設計師 Marc Newson 共同創辦了設計公司 LoveFrom。創立初期，與蘋果仍有合作關係，直到 2022 年才正式宣布中止合作，設計公司後也服務其他品牌像 Airbnb、法拉利。2024 年，與 Scott Cannon、Evans Hankey 和 Tang Tan 共同創辦 AI 裝置新創公司 io。2025 年 5 月人工智慧研究機構 OpenAI 斥資 65 億美元全股票收購 io，艾美將主導 OpenAI 硬軟體開發，LoveFrom 也將會負責 OpenAI 整體產品設計，首款商品可能是智慧耳機或其他配備相機的設備，手管產品預計於 2026 年亮相。

‡ 編按：2020 年 8 月榮升為 Apple Fellow，是蘋果公司授予個人貢獻人士的榮譽職稱。他雖不再擔任行銷高階主管，但在 App Store 與活動方面扮演領導角色。

引方向,激勵熱情支持者的追隨,一同踏上創新之路。

培養消費者意識

蘋果公司為了促進公司成長,1977 年提出了一份三十八頁的文件《初步機密發行備忘錄》(*Preliminary Confidential Offering Memorandum*),用來尋求私募資金。這份文件讓人得以一窺蘋果早期的精采歷程,也揭示了 Apple II 及個人電腦市場背後的願景。這份備忘錄指出,一般民眾對於「家用個人電腦所能執行的功能,以及能從中獲得什麼好處」[4] 幾乎一無所知。文件中強調蘋果若成功為大眾市場打造出一款電腦,一般人能夠享受到的各種益處。令人驚訝的是,蘋果的預測多數都成真了。以下是蘋果備忘錄對個人電腦如何改變世界的描述:

» 提升個人享受
» 更多元的娛樂選擇
» 節省時間和金錢
» 更明智的財務決策
» 更多的休閒時間
» 保障個人資訊安全
» 減少紙張、能源與儲存空間的浪費

「你可以幻想、建構、設計打造出世上最奇妙的地方,但最終還是需要人才來實現夢想。」

——華特・迪士尼

> 改善生活品質
> 提高學習效率
> 減少污染 [5]

這份文件起草的時期，個人電腦市場主要還局限於愛好者，那時大部分用戶都是一群精通技術的高手，有能力設計、建構和編程自己的裝置。根據該備忘錄，「真正家用電腦市場的主要特徵在於，使用者對技術、數學或科學相關領域沒什麼興趣。此外，由於對電腦能帶來的益處普遍缺乏認識，大多數潛在客戶甚至完全沒有購買的欲望。因此，市場教育十分重要，必須讓消費者了解擁有電腦的好處。預計到 1985 年，有電腦的家庭將會比沒有電腦的家庭具有更顯著的優勢」。[6] 實在不難想像，年輕的賈伯斯是如何用這樣的願景激勵坎貝爾的。

推動電腦普及化的願景

沃茲尼克在他的傳記《科技頑童沃茲尼克》（*iWoz*）中寫道：「我幾乎可以準確地指出自己認為電腦革命是從哪一天開始的，這場革命至今已改變了每個人的生活。這一切始於 1975 年 3 月『自造電腦俱樂部』（Homebrew Computer Club）的首次聚會，一群古怪又熱衷科技、對未來潛力充滿想像的人們齊聚一堂⋯⋯我參加第一次的聚會之後，就受到了極大的啟發，開始設計後來的 Apple I 電腦。Homebrew 成立之初就確立了目標：將電腦科技帶入普通人的生活，讓人人負擔得起，也能運用自如。」[7]

沃茲尼克參加會議時並不是獨自去的，而是帶著朋友賈伯斯一起。賈伯斯認同 Homebrew 的願景，也將之轉化成蘋果接下來三十年的核心理

念：讓電腦成為人人生活中的一部分。這個願景簡單、大膽，又令人著迷，雖然並未張貼在公司走廊上，但每個人都心知肚明。1984年也成為蘋果推出麥金塔時的行銷宣傳核心，標語為「讓電腦走進大眾生活」。大膽的願景能激勵團隊成員，使他們化身為計畫的熱情支持者，而這些支持者無疑能夠改變世界。

願景與使命聲明有很大的區別，使命聲明（mission statement）描述的是你做什麼產品或服務；而願景（vision）則是你如何讓世界變得更美好。根據賈伯斯的說法，蘋果並沒有所謂的「創新系統」，相反地，「你雇用的優秀人才，每天都會互相挑戰，力求創造最好的產品。正因如此，你在這看不到任何大幅海報宣揚蘋果公司的使命聲明，我們的企業文化很簡單」。[8]

我們是技術革命的先鋒

兩人共同創辦蘋果時，賈伯斯才二十一歲，沃茲尼克二十六歲。正如《賈伯斯在想什麼？》（*Inside Steve's Brain*）作者利安德・凱尼（Leander Kahney）描述的：「沃茲尼克是硬體天才、專業的晶片工程師，而賈伯斯理解整體產品包裝，正因為賈伯斯對設計和廣告的獨特見解，Apple II 才成為第一台成功進入大眾市場的個人電腦。」[9] 凱尼進一步指出，賈伯斯開始投入麥金塔計畫時，並非發明了圖形使用者介面（這種介面如今幾乎成為所有電腦的標配，包括 Windows 系統），然而，是他讓這項技術普及至大眾市場的，「這一直是賈伯斯從一開始就設定的目標：打造簡單、易用的科技產品，讓更多用戶都能受惠」[10]。逐步解析賈伯斯成功的關鍵後，你會看清楚更明顯的輪廓。沒錯，賈伯斯確實「眼界非凡」，然而，

即使再怎麼有遠見，若無法激勵他人追隨你的願景，也是沒辦法創造出真正有價值的東西。無論是員工、顧客，還是投資者，每個人都清楚知道蘋果的核心價值。從一開始，人們就知道這一點，因為賈伯斯的願景始終如一。繼賈伯斯與沃茲尼克一起參加 Homebrew 聚會三十年後，他明確表示，自己最初的理念至今仍推動著蘋果不斷創新。2004 年接受《衛報》(*The Guardian*) 採訪時，賈伯斯說：「蘋果有很強大的 DNA，就是將尖端技術轉化為人人都能輕鬆上手的產品。」[11]

「像 IBM 和迪吉多（Digital Equipment）這樣的大公司並沒有聽懂我們的社會理念，」沃茲尼克寫道：「他們完全沒有意識到這個小型電腦願景的力量有多強大。在這方面，我們是技術革命的先鋒。」[12]

全錄公司未能洞察先機，成功機會拱手讓人

1979 年，賈伯斯二十四歲時，他抱有的遠見引發了一連串事件，改變了所有人使用電腦的方式。賈伯斯回憶：「我參觀了全錄帕羅奧圖研究中心（Xerox PARC），那次的拜訪非常重要，我記得當時有人向我展示了一個初步的圖形使用者介面，還不完整，部分甚至不正確，但這個想法的雛形已經存在。不到十分鐘，我就清楚知道，總有一天每台電腦都會這樣運作，我全身上下都強烈地感受到這一點。當然，你可以爭論完成這個目標需要多少年，或是在業界哪些公司會是贏家或輸家，但我認為任何理智

「我們最初的目標是讓人人都能擁有電腦，而最終的成就遠超乎我們的夢想。」

—— 賈伯斯

的人都不會質疑每台電腦最終都會這樣運作。」[13]

賈伯斯滿懷熱情，帶著重新燃起的目標回到了蘋果，他希望整個程式設計團隊都能參觀 PARC，這個研究中心位於加州帕羅奧圖，是全錄公司的研發部門，至今仍在運作*。PARC 的科學家們開發了雷射打印機、以太網（Ethernet）†和其他許多進入我們生活中的創新技術。在一九七〇年代末期，PARC 開發了圖形使用者介面，讓人們可以透過螢幕上的圖標與電腦互動，而不再需要使用文字下達指令。賈伯斯一看到這項技術，就知道這將有助於實現他想讓電腦普及化的願景。

PARC 至少有一位創辦人艾黛爾・戈德堡（Adele Goldberg）曾警告全錄公司高層，擔心他們即將把所有關鍵技術拱手讓人，但高層不以為意，指示她帶賈伯斯和他的團隊參觀，這最終成為企業史上最糟糕的決策之一（除非你代表的是蘋果）。賈伯斯和他的團隊在參觀 PARC 過程中，他們看到了名為「滑鼠」的指點裝置創新，可以將游標移動到螢幕上的圖形標示。PARC 科學家賴瑞・特斯勒（Larry Tesler）‡說：「經過一小時的展示，蘋果的程式設計師比任何一位看了多年的全錄高層，還更理解我們的技術及意義。」[14] 特斯勒看到了這個歷史契機，隨後加入了蘋果公司。

賈伯斯認為：「他們基本上只是影印機的專家，對電腦及潛力一無所知，因此，把電腦產業中最偉大的勝利拱手讓人，全錄錯失了原本可以領

---

* 編按：全錄在 2023 年 4 月 24 日宣布此研發單位完全捐贈給非營利機構 SRI International，以便雙方專注自身強項進行技術創新。

† 編按：讓電腦和其他設備透過網路線互相連接、傳送資料的技術。

‡ 編按：他也是發明現代人使用電腦、手機不可或缺的「剪下、複製、貼上」功能之一的工程師。後於 1980 年進入蘋果，1993 成為首席科學家。他為蘋果考慮收購 NeXT 一事推波助瀾，也推動了蘋果收購英國晶片公司安盟。

導整個電腦產業的機會。」[15] 由於缺乏宏大願景，全錄的科學家錯過了眼前技術的巨大潛力。熱情如果少了願景就毫無價值，創新需要兩者兼具。

賈伯斯為麥金塔團隊灌輸明確的願景，並網羅最合適的優秀工程師，與他一起為使命奮鬥。當團隊偏離方向時，他會重新凝聚大家的注意力。在 1996 年 PBS 拍攝的《電腦狂的勝利》（*Triumph of the Nerds*，暫譯）紀錄片中，麥金塔設計團隊成員安迪・何茲菲德（Andy Hertzfeld）回憶：「賈伯斯對麥金塔的開機速度太慢感到不滿意，於是他試圖激勵賴瑞・凱尼恩（Larry Kenyon，另一位蘋果設計師），告訴他：『你知道會有多少人購買這台電腦嗎？會有數百萬人！讓我們想像，如果你能讓開機速度加快五秒，那就是五秒鐘乘以每天一百萬人，相當於五十個人一生的時間。如果你能節省五秒鐘，就等於是拯救了五十條生命！』這種思考方式很有意思，最後我們確實讓電腦開機速度變得更快了。」[16]

小蝦米對抗大鯨魚

前蘋果員工兼麥金塔宣傳使者蓋伊・川崎（Guy Kawasaki）說，自己花了二十年才領悟到創新的祕密。他發現，創新是在你決定去「創造意義」時發生的，所謂創造意義是指你希望讓世界變得更美好。川崎認為，蘋果和其他偉大的公司都是從創造意義這個崇高目標出發，最終才因此帶來了財富。蘋果初期就致力於讓人變得更具創造力和生產力，因此改變了世界。

川崎說，熱情和願景能激勵人創造出卓越的產品。「麥金塔部門人員都懷抱著夢想，就是希望將電腦帶給更多人來改變世界，讓他們能夠提升個人創造力、豐富生活。我們都相信，這台小小的電腦將能改變世界，為此，我們每週工作九十小時，每天都喝六色 Kool-Aid。」[17]（川崎的隱喻

是指八〇年代蘋果的六色彩虹商標，表示每天為蘋果賣力打拚）川崎表示，為賈伯斯工作令人膽戰心驚又令人上癮。可怕的是，如果工作沒達到他的期望，他會毫不留情地「釘死」你。但是，「為賈伯斯工作也像是極樂享受，」他打趣：「即使只餵我們柳橙粉即溶飲料 Tang*、待遇再差，我們還是會甘願留在麥金塔部門賣命。」[18] 川崎提到關於願景或「意義」的重要觀點：當人們受到超越個人的偉大使命所激勵時，他們會比未受到領導者願景感召的那些人更加努力工作。

「我們的目標是改變世界，而這種感覺令人非常振奮，」前蘋果公司人資艾比表示：「你看，沒有偉大的願景，創新無法存在。我們的願景就是透過讓電腦走入大眾生活來改變世界。我們希望發明對人們真正實用的產品，我們覺得自己就像小蝦米對抗大鯨魚一樣。每個人都認同這個使命，這點讓我們能夠做出對公司最有利的決策。」[19]

「巴斯光年」的創作靈感

1986 年，賈伯斯動用自己五百萬美元的資金，收購了盧卡斯影業（LucasFilm）的圖像小組，這是由一群優秀的電腦動畫師組成的團隊，不到十年後，公司更名為皮克斯動畫工作室，並推出《玩具總動員》（Toy Story）全球首部完全由電腦生成的動畫長片，創下電影史的奇蹟。隨後接連推出的影片，如《蟲蟲危機》（A Bug's Life）、《海底總動員》（Finding Nemo）、《汽車總動員》（Cars）、《瓦力》（Wall-E）、《天外奇蹟》（Up）等，

---

* 譯註：美國飲料，在一九六〇年代因美國太空總署將其帶上太空，而變得知名，但口感不佳，通常被視為廉價飲品。

全都成為票房佳作。2006 年，開創電影動畫長片的華特・迪士尼公司收購了皮克斯，賈伯斯也因此成為迪士尼的最大股東。就像七年前參觀 PARC 時一樣，賈伯斯又經歷了靈感啟發，看到非常鮮明的未來願景，使他堅信這一切必將實現。這一次，反而是另一個人的願景激發了賈伯斯，使他本人成了熱情的支持者。賈伯斯當時拜訪了盧卡斯影業的艾德・卡特莫爾（Ed Catmull），對所見到的技術「大受震撼」。卡特莫爾是新興的高科技電腦圖形領域的創新者，他的願景是創作全球首部電腦動畫長片。賈伯斯收購了這個部門，包括電腦技術和盧卡斯影業約四十五名優秀的動畫師核心團隊。經過十年，投入了五千萬美元（大部分是賈伯斯的個人資金），卡特莫爾和皮克斯團隊創造出《玩具總動員》，胡迪警長（Sheriff Woody）、巴斯光年（BuzzLightyear）等十多個電腦動畫角色，登上全球影視大銀幕，票房突破三億美元，開啟了新一代奇妙又魔幻的動畫電影世界。

卡特莫爾的願景是創造第一部電腦生成的動畫長片，而賈伯斯對皮克斯有更大膽的願景，他曾說：「有朝一日，我們希望皮克斯成為像迪士尼一樣有信譽的品牌。」[20] 賈伯斯的願景再次實現了。《玩具總動員》在美國電影學會（American Film Institute）評選的百大美國電影名單中，位居第九十九名。另一部唯一上榜的動畫電影是迪士尼的《白雪公主與七個小矮人》（Snow White and the Seven Dwarfs）。如果沒有卡特莫爾和賈伯斯兩位的願景，皮克斯今天就不會存在。願景推動創新，讓人在面對無可避免的

「當人們對工作本身充滿熱情時，往往會樂於效忠提供這些工作機會的公司。這種忠誠的員工，即使面對獵頭公司高薪挖角的誘惑，也更可能選擇繼續留在原有的公司。」

―― 《哈佛商業評論》

挫折時,也能保持高昂的士氣(由於迪士尼高層要求重寫劇本,《玩具總動員》的製作曾中斷了幾個月)。成功的創新需要全心投入、共享願景的團隊。賈伯斯曾表示:「這是個團隊運動,你帶著大量物資,試圖攀上高峰,光憑一己之力是辦不到的。」[21]

一切才剛開始

2001年1月9日,賈伯斯花了八分鐘揭示將推動蘋果(及電腦)技術未來十年的發展願景。最終賈伯斯的願景不僅被證明是正確的,他也對此充滿信心,並且曾向大家公開宣告命名為「數位樞紐」(Digital Hub)的願景。

在新千禧年之初,許多觀察家認為,隨著獨立數位設備的推出(如手機、數位相機、PDA、MP3播放器、DVD播放器等),個人電腦已經過時或逐漸失去價值。有些人認為這些設備最終會取代多功能的電腦,但賈伯斯卻有不同的看法,這再次證明他的眼界非凡,預見了未來的發展。

「一切才剛開始,」賈伯斯在2001年Macworld博覽會上表示:「我想告訴大家我們未來的方向。我們的願景是什麼?我們認為個人電腦就像1975年發明以來,還在不斷進化發展。」賈伯斯隨後為大家回顧一段歷史,他稱1980年至1994年是個人電腦的「生產力黃金時代」,那時誕生了試算表、文字處理器和桌面排版程式。到了一九九〇年代中期,網際網路開創了第二個黃金時代。賈伯斯預言:「我們認為個人電腦即將進入第三個偉大的數位生活時代。我們相信蘋果電腦可以成為這種新興生活方式的數位樞紐,為個人其他的數位裝置增添極大的價值。」[22]

賈伯斯將蘋果電腦轉化為數位樞紐的願景,激發了電腦時代最著名的

創新。其中的策略包含，蘋果開發了軟體，如編輯影片的iMovie、組織照片的iPhoto和播放音樂及影片的iTunes和iPod。數位樞紐策略為蘋果未來十年的發展奠定了方向，也為這個低迷的產業重新注入活力。

微軟錯失的良機

蘋果2010年1月推出新的平板電腦iPad，並於4月上市銷售，在短短二十八天內，銷售量就突破了一百萬台。賈伯斯並不是唯一有先見之明、看到平板電腦需求的人。另一位著名企業家蓋茲也曾說過：「個人電腦將計算機技術從後台帶進每個人的辦公室，而平板電腦則是將最尖端的個人電腦技術帶到任何你想去的地方，正是因為很方便，我已經將平板電腦當成日常使用的電腦，平板就像是幾乎不受限制的個人電腦。我預測，五年內它將成為美國最受歡迎的PC形式。」[23]

值得注意的是，蓋茲並不是在2010年提出預測的，而是早在2001年11月11日！這究竟是怎麼回事呢？前微軟副總裁迪克・布拉斯（Dick Brass）聲稱：「微軟從未發展出真正的創新系統。」在蘋果推出iPad後，布拉斯在《紐約時報》發表了公開的評論文章，指出微軟實際上扼殺了創新，他寫道：「儘管擁有世界上最大且最優秀的企業實驗室，還有不只一位，而是三位的技術長，這家公司還是經常使有遠見的創新者感到挫敗。」[24] 布拉斯舉例說明，花了十年才得以將名為ClearType的技術（用以改善電腦螢幕上的文字可讀性），從實驗室推出應用到Windows上。他說，這使微軟其他團隊感到不悅，認為「我們的成功對他們構成了威脅」。布拉斯說，他和團隊在2001年就開始開發平板電腦，但當時負責Office的副總裁認為這個概念不可行，拒絕修改讓Office應用更適用於平板電腦

上的操作，造成這個專案計畫注定失敗，微軟的平板電腦團隊最終被解散。這故事令人遺憾，內部鬥爭摧毀了已經耗資數億美金的專案計畫，而這原本可能使微軟在新興的行動計算領域成為全球領先的創新者。

為了驗證布拉斯的論點，我向知名的分析師兼蘋果觀察家提姆・巴荷林（Tim Bajarin）請教。他說：「最大的區別在於，蘋果每個人步調一致，而且由賈伯斯引領，這代表每個團隊和計畫都與賈伯斯的願景保持一致。」巴荷林表示：「微軟的各個業務部門則各自為政，盈利中心是獨立的。很多時候，右手根本不知道左手在做什麼，平板電腦就是典型的例子，這本來該由一個專門負責行動裝置願景的團隊來主導，但微軟卻讓不同團隊各自管理不同的行動技術（如 Zune、Windows Mobile、平板電腦等）。因此，他們錯失了絕佳機會，未能推出 Windows 行動版的平板電腦，並加以創新。」[25]

iPad 的故事再次證明了創新的關鍵原則：新點子必須與更大的願景契合，而願景需要由領導者闡述清楚，並持續引領團隊一起努力實現。任何組織，無論規模大小都需要「賈伯斯」，一位充滿魅力、有遠見且創造力十足的領導者，能夠發揮影響力，讓團隊始終專注於大局。

「創新與研發經費的多寡無關。蘋果在開發 Mac 時，IBM 的研發經費至少是蘋果的百倍以上。但成敗關鍵不在於資金，而是優秀的人才、正確的領導和對創新的洞察力。」

—— 賈伯斯

在世界留下印記

前蘋果策略與行銷高階主管霍金斯曾表示：「賈伯斯有一種非凡的能力，能夠凝聚人心，共同為他所描繪的崇高偉大的目標而奮鬥。他最常說的一句話是『讓我們在世界留下印記。我們要讓這件事產生巨大影響，足以在世界上留下刻痕』。」[26]

有人曾詢問：為何像賈伯斯這樣的人，能夠激發充滿熱情的企業文化，甚至形成所謂的「現實扭曲力場」（reality distortion field）？這是賈伯斯的特殊本事，他能引導團隊相信任何事都可能實現。在早期的《史蒂夫・賈伯斯：旅程就是獎勵》（Steve Jobs: The Journey Is the Reward，暫譯）中，作者傑弗瑞・楊（Jeffrey Young）試圖回答，用此定義賈伯斯成功的關鍵特質。楊總結賈伯斯「有銷售員對自家產品的強烈信念、傳教士般的熱情執著、狂熱信徒的專注目標，以及貧困背景的孩子追求事業成功的強烈企圖心」[27]。在 2007 年 1 月 Macworld 博覽會的主題演講結尾時，賈伯斯給觀眾留下了這句話：「我很喜歡傳奇冰球選手韋恩・格雷茨基（Wayne Gretzky）的一句名言，『我滑向冰球將要到達的地方，而不是它過去所在之處』。蘋果也一直秉持這樣的精神，從創立之初就這麼做，未來也將繼續如此。」[28] 前美國第一夫人愛蓮娜・羅斯福（Eleanor Roosevelt）曾表示，未來屬於相信自己美好夢想的人。賈伯斯一直堅信改變世界的美好夢想。你相信自己的夢想嗎？

》創新要點

1 永遠不要低估大膽的願景能推動社會進步的力量。

2 你的公司或事業是否有大膽、明確、精簡、一致,而且每個團隊成員都真心認同的願景?如果還沒有,現在該制定了。

3 你認識能透過傳遞偉大願景來激勵他人推動公司或計畫發展的人嗎?不妨觀察這些人如何在對話中融入願景。

第 5 章
換個角度，思考願景

不要擬定微不足道的計畫，這樣無法令人熱血沸騰。

——丹尼爾・哈德森・伯納姆（Daniel Hudson Burnham），

美國建築師

    美國太空人尼爾・阿姆斯壯（Neil Armstrong）在成功踏上月球近四十年後，來到加州一個小鎮的義大利餐廳。透過共同的朋友，我有幸與這位美國英雄共進晚餐。阿姆斯壯是我當天稍早參加研討會上的主講嘉賓。晚餐三個小時期間，阿姆斯壯與我們分享了他太空旅行的故事、第一次踏上月球的經歷，以及回到地球後的生活。在對話中，讓我印象深刻的是，太空任務中有無數大大小小的關鍵創新，最終成功將人類送上月球並安全返回地球。

    阿姆斯壯是美國太空總署（NASA）阿波羅（Apollo）太空計畫中，最具象徵意義的人物。畢竟，1969 年 7 月 20 日，他是第一位在月球表面留下足跡的人。然而，阿姆斯壯並非單獨完成這項壯舉，而是有四十萬人的幫助。發射阿波羅十一號，將太空人送上月球並安全返回地球，這一切需要四十萬名世界上最優秀的專業人士共同努力，包括：火箭設計師、工程師、技術人員、科學家、檢查員、導航員，甚至還有細心縫製太空衣的裁

縫師（這對太空人能否在月球極端溫度下生存至關重要）。

人類登陸月球被視為結合創新與團隊合作的輝煌成就，然而，若不是八年前某位人士的遠見，可能根本不會發生這場登月壯舉，至少不會在一九六〇年代末期實現。1961 年 5 月 25 日，美國總統甘迺迪在國會聯席會議上，自信且毫不掩飾地提出了願景：「我相信我們國家應該在這十年結束之前，致力於實現人類登陸月球並安全返回地球的目標。在這段期間，沒有任何太空計畫比這個目標更能震撼人類。」[1] 當時，沒有人確切知道該如何實現登陸月球，也不清楚究竟是否可行。成千上萬的任務、決策和技術問題需要解決。火箭尚未建造或設計，電腦還無法勝任任務，也無人知道如何讓太空人在太空中生存。甘迺迪的偉大願景缺乏具體細節，但夠大膽，足以推動計畫發展。無數的人紛紛響應號召，投身於這個令人興奮和陶醉的目標，使命將賦予他們生命意義，並在人類歷史上留下深刻的印記。

大膽崇高的願景總能激勵團隊。參與阿波羅計畫的人員確實需要極大的鼓舞，才能面對無數的挫折、挑戰，其中有些甚至是悲劇性的。1967 年 1 月 27 日，阿波羅一號的氧氣容器被火花點燃、迅速燃燒，三名太空人員當場喪生。阿波羅一號還未升空就摧毀了，這場悲劇給了 NASA 寶貴的教訓，科學家們根據這次經驗重新設計了太空艙。目標依然明確，也徹底激發數千名科學家和工程師的想像力，針對每個問題提出了解決方案。

甘迺迪的顧問兼演講撰稿人泰德・索倫森（Ted Sorensen）曾表示，人類之所以能登陸月球，並不是因為甘迺迪下令要完成，而是太空探索的願景讓人深深著迷。甘迺迪為願景注入了生命力，透過明確的目標和時間表，凝聚了眾多頂尖人才，集體發揮創新才智。登月計畫證明了，只要一群聰明又全心奉獻的人為共同目標而努力，都可能發生任何奇蹟。在任何

領域想要實現創新，創意發想者必須能夠激勵他人，協助將這個創意轉化為可行的產品、服務或計畫。有一位 NASA 工程師說，他對登月的憧憬如此強烈，使他每晚都興奮得難以入眠，隔天早上也迫不及待回到工作崗位，他成了一位信徒、熱情的宣傳使者。不妨激勵熱情的支持者，讓你的創意飛躍發展。

賈伯斯劃時代的突破

甘迺迪的登月競賽與賈伯斯將電腦普及到每個人手中，兩者有明顯的相似之處。兩位領導者都發表了激勵人心的演說，將想實現的願景描繪成一場對抗專制與爭取自由的奮戰。

甘迺迪於 1961 年向國會發表演說時，蘇聯已成功將人類送入太空，而且在一個月前就完成了這項壯舉，美國人對此深感擔憂。如果擁有核武的共產主義國家掌控了太空新領域，會帶來什麼後果？正是在此背景下，甘迺迪發表了以下的談話：

> 如果我們要贏得當前在世界各地自由與專制之間的鬥爭，最近幾週在太空領域的驚人成就，應該已經讓我們清楚體認到，這項冒險對全球人類的思想衝擊，正如 1957 年蘇聯首次成功發射的史普尼克（Sputnik）人造衛星一樣……我們國家決心確保自由的存續並取得成功，無論面對什麼危險和挫折，我們都有巨大的優勢。首先是我們站在自由的一方，自人類有史以來，特別是二戰結束之後，自由在全球各地屢獲勝利。第二個重要的優勢是，我們並非孤軍作戰，來自世界各地的朋友和盟

友與我們一起,堅守自由的信念,而我們的國家也團結一致,承諾捍衛自由,隨時準備履行責任。²

甘迺迪推銷的並不只是太空計畫,而是對抗壓迫、追求自由的理想。1983 年,賈伯斯推銷的並不是一台電腦,而是一種擺脫 IBM 掌控的自由。那年秋天,賈伯斯在蘋果員工會議上發表演講,主要針對銷售和市場部門人員,介紹即將推出的麥金塔電腦,並首次公開著名的 1984 年麥金塔廣告。在這次演講中,賈伯斯幾乎沒有花時間介紹麥金塔的特點和優勢,反而是將麥金塔的成功定位為一場自由與專制之間的競賽,也就是追求「技術的民主化」。以下是賈伯斯介紹麥金塔出場時的談話:

> 時間來到 1958 年,IBM 錯失了一次收購機會,未能拿下發明「靜電複印」(xerography)新技術的初創公司;兩年後,全錄公司誕生,IBM 從此懊悔不已。過了十年後,進入六〇年代末期,迪吉多(DEC)等公司發明了迷你電腦,但 IBM 卻認為迷你電腦太小,無法執行嚴肅運算,對公司業務無足輕重。迪吉多隨後成長為一家市值數億美元的企業,而 IBM 最終才進入迷你電腦市場。再過了十年,來到七〇年代末期。1977 年,位於西岸的蘋果新創公司發明了 Apple II,也就是今日大家熟知的第一台個人電腦,但 IBM 同樣認為個人電腦太小,無法執行專業的運算,對公司業務可有可無。進入八〇年代初期,1981 年 Apple II 已成為全球最受歡迎的電腦,蘋果成長為一家市值達三億美元的公司,成為美國商業史上成長最快速的企業。面對著五十多家競爭對手,IBM 終於在 1981 年 11 月進軍個人電

腦市場，推出了 IBM PC。現在是 1984 年，看來 IBM 想要壟斷一切（賈伯斯的聲音愈發高亢、激昂），蘋果被認為是唯一能與 IBM 相抗衡的希望。原本敞開雙臂歡迎 IBM 的經銷商，如今開始擔憂未來會被 IBM 主導和掌控，愈發急切地想回頭依賴蘋果，將之視為能保障未來自由的唯一力量（掌聲）。IBM 想要掌控一切，並將目標瞄準了最後一個障礙：蘋果公司。「藍色巨人」將會全面掌控電腦產業嗎？（觀眾齊聲高呼：「不會」）整個資訊時代呢？（觀眾的「不會」喊得更高昂）喬治・歐威爾（George Orwell）在《一九八四》的預言會成真嗎？（觀眾大喊「不會，不會」並爆以熱烈掌聲）。[3]

賈伯斯在那次演說獲得的熱烈掌聲，足以證明願景的強大影響力。沒有人會因為一台電腦而受到啟發，但賈伯斯透過勾勒出電腦的無限潛力，吸引了大批粉絲，他也透過將蘋果塑造成唯一能夠保護大眾免受 IBM「壟斷」的企業，把粉絲變成了熱情的宣傳使者。願景能激發支持者，而熱情的支持者則是將創意轉化為成功創新的關鍵人物。

曾任蘋果高層的川崎曾說：「如果沒有第三方開發者的成功推廣，麥金塔電腦將會失敗。」[4] 他指的是最初麥金塔電腦搭載的軟體非常有限。當時，電腦業界普遍認為只有 IBM 的複製版電腦才有機會生存。開發者必須受到激勵，才會願意為麥金塔編寫程式。川崎在《麥金塔之道》（The

---

「人類登陸月球，激勵了我們所有人勇於挑戰人類潛力的極限，我們最終將能解決任何重大問題。允許自己自由夢想，也鼓勵孩子們追求夢想吧。」
　　——蘭迪・鮑許（Randy Pausch），《最後的演講》(The Last Lectur) 作者

Macintosh Way，暫譯）寫道：「1983 年和 1984 年，麥克・博伊奇（Mike Boich）和我透過情感訴求，向數百家軟體公司推銷麥金塔的夢想，邀請他們與蘋果一同創造歷史、改變世界，或是幫助蘋果對抗 IBM。」[5] 川崎認為，宣傳的本質就是充滿熱情地向人展示如何共同創造歷史，這與現金流、利潤或行銷幾乎無關。你銷售的是夢想，而非產品，「當你銷售產品時，人們只是使用而已；但當你熱情宣傳理念時，人們會受到感召，主動為你扛起火炬，與你同心協力，為你抵抗敵人。你會在這些人的眼中看到自家的品牌標誌。」[6] 麥金塔之道不是銷售，而是熱情宣傳理念。如果沒有願景，也就無法激勵人努力為你推廣。

完成不可能的任務

人們渴望感受到某些情感，他們希望被感動並受到啟發，期待能夠相信比自己更偉大的目標、崇高的使命。研究顯示，超過三分之二的美國員工對自己的工作缺乏「投入感」。[7] 成功的領導者會勾勒出遠大、果敢又崇高的願景，以培養創新的文化，激發團隊集體的想像力。在心理學研究中，「畢馬龍效應」（Pygmalion effect）指的是：當人被寄予更高期望時，表現會更出色。換句話說，面對偉大的目標時，他們會全力應對挑戰。研究人員發現，設定高期望本身會成為自我實現的預言。如果領導者傳達出極具吸引力的願景，並要求團隊達到高標準，部屬將會努力達成期望。

當一群全心投入的成員受崇高目標所激勵時，沒什麼辦不到，他們會更努力工作，夢想更遠大，想出辦法將不可能變成可能。1983 年 1 月 8 日，賈伯斯與東岸生產團隊召開電話會議，此團隊正在為即將舉行的產品巡展準備麥金塔最後的組裝，蘋果計畫向經銷商介紹這款新電腦。賈伯斯

堅持要求麥金塔隨附的軟體不能標注為「試用版」，他認為這會傳遞錯誤的訊息。當時，磁碟複製的截止日期1月16日日益逼近，而團隊成員認為他們無法及時完成「最終版」的程式碼，希望賈伯斯能放寬要求，讓他們發送試用版軟體。然而，根據《史蒂夫·賈伯斯》作者楊講述的後續發展：「史蒂夫沒有妥協，出乎意料的是，他也沒有發怒，反而開始說他們表現多麼出色，蘋果公司全體仰賴他們完成這項使命，隨後，團隊都還來不及爭辯，他就掛了電話，庫比蒂諾會議室裡的每個人都愣住了、彼此面面相覷。雖然他們已經筋疲力盡，但賈伯斯又再次成功地激勵他們迎向如期完成的挑戰，而他果然也沒看走眼，團隊並沒有讓他失望。」[8]

麥金塔生產團隊的成員在那週幾乎不眠不休，在1月16日星期日早晨，距離截止期限只剩十五分鐘時，終於成功交付了最終版本的電腦。賈伯斯曾說：「有些人不習慣凡事追求卓越的環境。」這句話是真的，一旦設定了卓越目標，多數人都會努力迎接挑戰。然而，賈伯斯沒有明說的關鍵點是：只有真正相信領導者設立的崇高目標時，團隊才會積極回應挑戰。如果願景不夠強大，努力也會相對薄弱。

崇高的使命激發創新

蘋果有無數受到啟發的員工，成為熱情的宣傳使者，他們不會說「我們做不到」，而是會說「我們可能還不知道該怎麼做，但我們一定會想辦法」，賈伯斯從一開始就培養了這種態度。根據《管理大未來》（The Future of Management）一書的作者蓋瑞·哈默爾（Gary Hamel）所說：「崇高的目標能夠激勵犧牲、刺激創新，並鼓勵堅持不懈，因此將卓越的才能轉化為非凡的成就。」[9]

2005年8月，卡崔娜颶風（Hurricane Katrina）襲擊路易斯安那州（Louisiana），成為美國史上最致命的颶風之一。當時，負責該地區電力的安特吉（Entergy）能源公司努力維持供電。上百萬家庭用戶斷電，一千五百名安特吉員工失去家園或被迫撤離。安特吉執行長韋恩‧萊納德（Wayne Leonard）告訴員工優先去處理自家的危機。他說，不管是一天、一週，還是更長時間，員工都可以放心請假，事後再回來工作，公司不會過問，也無須擔心失去職位。對於不了解崇高目標力量的人來說，這確實令人驚訝。每一位員工儘管自身面臨困境，幾乎都立即重返工作崗位，連續七天每天工作長達十六小時也不辭辛勞。

第一週結束時，安特吉超過五十萬戶家庭已經恢復供電，這是了不起的成就，所有受災員工**並不需要**返回工作崗位，但他們都**自願**回去。而他們之所以這麼做，是因為萊納德培養了服務至上的文化，工作環境秉持著簡單的願景：讓世界變得比原來更美好。換句話說，對於安特吉的員工來說，工作所代表的意義遠不止一份薪水。萊納德告訴我：「我們的員工都知道，他們做的一切對人們的生活有很大的影響。我們不僅僅提供電力，讓家庭用戶冬暖夏涼；我們讓人能夠做飯、清潔環境和教育孩子。」[10] 如果安特吉的受災員工把工作視為「只是一份工作」，而不是為失去電力的

「在很多公司常看到這樣的問題，你是否經歷過看過的概念車，最初亮相時酷炫無比，但四年後真正量產時，卻令人失望？讓人不禁納悶到底怎麼回事？他們明明做到了，本來成功在望的，結果卻功虧一簣！其實這是因為，設計師提出了絕妙的點子，然後交給工程師，工程師卻說：『不行，這做不到，根本不可能。』於是設計被大幅簡化，接著又交給製造團隊，製造人員說：『這個我們沒辦法生產！』結果，產品變得平庸無奇。」[11]

――賈伯斯

人帶來希望的話，這些家庭用戶可能會在黑暗中待得更久。我看到萊納德寫給員工的一封信，令我深受感動，信中寫著：

> 在每個人的一生中，都會碰到一個決定性的時刻，那是短暫的交會點，由環境和選擇交織而成，這一刻會定義一個人一生是好是壞，是未能發揮潛力，還是活出充滿意義、有所作為的人生。這對個人而言如此，對企業亦然。我們對於能夠改變他人生活所產生的影響，充滿熱情。我們提供一種維持生命的必需品，但更重要的是，我們提供了最珍貴的東西，那就是「希望」。[12]

安特吉提供電力，但員工相信公司更大的願景，即為他人生活帶來正面影響。蘋果製造電腦，但員工相信公司更大的願景，也就是製造能使他人生活更美好的產品。當卓越的領導者描繪出令人信服的未來願景，並期望團隊追求卓越表現時，就能激勵人們實現超乎自己想像的成果。

你可能心想：「但我並沒有崇高的使命啊，我又沒有要送人類上月球，或是開發能改變世界的電腦。」也許是吧，但你很可能有一些改善顧客生活的想法、產品或服務，即使是微小的改變，也能讓世界變得更美好。你或許沒有探索外太空，但正在改善地球上一些人的生活，這本身就是崇高的目標。

一點一滴實現願景

成功的創新者在任何事物中都能找到崇高的目標，即使是銷售冰淇

淋。我和女兒都很喜歡酷聖石冰淇淋（Cold Stone Creamery）。她們知道，每次去爸爸辦公室，通常都會走去對街吃冰淇淋。店裡的年輕人熱情洋溢，為我們挖出濃郁、美味的冰淇淋，放在冰冷的花崗岩板上，加入我們選擇的任何配料，比如布朗尼、糖果或我最喜歡的餅乾麵團。把小費投進罐子裡，他們還會唱首歌。酷聖石提供的不僅僅是冰淇淋，更是一種獨特的體驗。

1999年，酷聖石還是一家規模不大的冰淇淋連鎖店，只有七十四家分店，主要分布在亞利桑那州（Arizona）*。那時，前執行長道格・杜席（Doug Ducey）開始參與公司事務。杜席告訴我，他的「目標」是，在接下來五年內，將分店數量擴展到全國一千家。這並不容易，酷聖石當時還名不見經傳，又得和31冰淇淋（Baskin-Robbins）和冰雪皇后（Dairy Queen）這些老品牌競爭。若只是因為公司執行長想要擴大分店數量，並不足以讓員工付出努力、提供卓越的顧客服務並提出創新想法。

杜席知道他必須創造激勵人心的願景。他仔細思考了公司目前的優勢：製作高品質的冰淇淋並提供獨特的體驗：冰淇淋服務員會唱歌。1999年，杜席向他的加盟店業主們揭示了大膽的願景：全世界會將我們的所作所為視為極致的吃冰淇淋體驗。他認為，只要實現這個願景，酷聖石將成為美國最暢銷的冰淇淋品牌之一，並在2004年12月31日前達成一千家分店的目標。

「體驗」將是區別酷聖石與其他冰淇淋品牌的關鍵。雖然按全國加盟店標準來看，這家連鎖店的規模相對較小，杜席卻看到酷聖石的粉絲逐漸

---

* 編按：根據ScrapeHero資訊公司指出，截至2025年2月19日為止，美國共有1,044家分店，主要分布於加州，有212家分店。

與品牌建立起深厚的情感。當然，每天新鮮製作的冰淇淋對於建立品牌忠誠度起一定的作用，但真正的情感投入來自杜席所稱的「X因素」：娛樂和活力的融合，將酷聖石從普通的冰淇淋店轉變成目的地。根據杜席的說法：「這是一個宏大的願景，需要艱苦的努力，會讓我們早起、熬夜、激發我們所有的精力和技能。」[13] 雖然這個目標充滿挑戰性，卻是可實現、令人信服的，也符合公司的核心價值觀。

杜席公開宣布這個願景後，便迅速形成動力。在接下來的五年中，這個願景逐漸發揮生命力，激勵了酷聖石全體員工和加盟店業主共同努力實現。杜席確實達到他的目標，在2005年1月的年度加盟會議上宣布了第一千家分店的開張。到2011年，酷聖石在美國已經有超過一千四百家分店，至今仍然不斷推出創新的冰淇淋產品。同時，願景從未動搖，「極致的冰淇淋體驗」依然是公司的品牌理念。

別低估一群拚命的媽媽

都市重建過後的芝加哥東湖景社區（East Lakeview）位於市區北側，新建的公寓和高樓大廈與歷史建築和教堂比鄰而立。這裡熱鬧繁華，有許多餐廳、酒吧和小餐館，是適合居住的好地方，但大家一直認為此處的公立學校不是送孩子就讀的理想選擇。賈桂琳‧艾德伯格（Jacqueline Edelberg）有個兩歲半的女兒，這位母親決心改變這個現狀。

艾德伯格有芝加哥大學博士學位，也曾是傅爾布萊特學者（Fulbright scholar），雖然有能力讓孩子就讀私立學校，但她自己就是從芝加哥公立學校畢業的，也相信公立學校體系的使命，然而，當地的內特霍斯特小學（Nettelhorst）狀況非常糟，社區居民、從人滿為患的學校被送來的孩子和

家長，都不喜歡這所學校，這還是校長自己的說法；艾德伯格告訴我：「在我們社區的三百戶家庭中，只有六戶把孩子送到內特霍斯特小學。」[14]

2003 年，艾德伯格和一位朋友首次參觀學校，與校長會面。校長問她們：「我們該怎麼做，才能讓妳們願意送孩子來這裡上學？」這個問題讓她們大感意外。第二天，她們帶著一份長達五頁的願望清單回到學校。校長說：「那我們就開始行動吧，接下來這一年我們有得忙了。」於是，改善這所破舊公立學校的行動就此正式展開。

艾德伯格無法憑一己之力完成這項任務，她需要熱情的支持者一起推動目標。她找了八位「媽媽好友團」作為團隊，她們經常在當地公園聚會，讓孩子一起玩耍。她們圍坐在沙坑旁時，艾德伯格闡述了自己的願景，表示每個孩子都應該有一所優質的社區公立學校，她向朋友們發出這項挑戰：「與其討論 Gap 有何促銷活動，不如一起來改善這所學校，讓我們能放心把孩子送來這裡讀書。」[15] 大家開始行動。經過深入討論後，發現每位媽媽各有所長，都是在成為全職媽媽之前累積的寶貴職場經驗。其中一位曾在《財星》五百強企業的廣告部門工作，有些人則具備法律或市場行銷專業背景，每個人都有可以發揮的技能。艾德伯格說：「如今，我們不再是為 Twinkies 蛋糕做廣告，而是為了振興社區小學更崇高的目標而努力。」媽媽們把這個計畫當成企業經營，將任務分配給不同的小組，專注於改善基礎設施、市場行銷、公關和加強課後活動等。

由於芝加哥公立學校系統沒有資源來振興這所學校，媽媽們不得不尋找創新的解決方案，她們決定與個人和企業合作。如今，學校裡充滿了壁畫、雕塑和鮮豔的色彩。她們邀請芭蕾舞、空手道和音樂老師開設課後班，確保六百名學生在放學後不至於無處可去。她們還邀請當地廚師在新設計的廚房教室裡，開辦烹飪課。

九個月後，媽媽們舉行了第一場學校開放日活動，吸引了三百個家庭到場參觀，有七十八個家庭當場為孩子報名。接下來幾年，愈來愈多家庭申請入學。四年後，當初媽媽們在沙坑旁討論的願景成為現實，學生的考試成績提升了三倍，內特霍斯特小學的三年級學生在全市名列前茅。在 2009 和 2010 年，所有七、八年級的學生成績都表現優異，有資格申請全市最具競爭力的菁英學校。「整合這些創意的想法，計畫成果遠超乎原本的預期，進展比我們想像得還要快，如今已經成為芝加哥其他社區的典範，」艾德伯格說：「學校若想成為社區的核心，就必須徹底改變運作方式，重新思考學校的教育使命、教育方式，以及所能帶來的價值。」[16]

千萬不要低估願景帶來改變的力量，無論在任何層面，更別小看為了孩子未來而奮力一搏的八位母親。

追隨願景，而非使命宣言

激勵人心的願景和使命宣言完全不同。傳統的使命宣言多是冗長、複雜的段落，通常由委員會起草，最後被束之高閣，鮮少有人記得。我從未遇過任何一位商業專業人士能完整說出自己公司的使命宣言！如果你自己都記不住，那還有什麼存在意義？丟掉使命宣言吧，不要浪費時間，不如創造願景，反而更能激勵人心。

願景描繪的是產品或服務能實現的美好世界。吸引人的願景能夠激勵投資者、員工和顧客，最重要的是，還能讓這些利益相關者成為組織的熱情支持者。鼓舞人心的願景必須符合三個標準：具體、簡潔且一致。

》**具體**。多數使命宣言的問題在於表達太過含糊。你是否常聽到某

家公司宣稱「提供最優質、以客戶為中心的解決方案⋯⋯」之類的說法？這些話沒有任何實質意義。星巴克前執行長霍華・蕭茲（Howard Schultz）向投資人推銷星巴克的最初理念時，他描繪的是「介於工作與家庭之間的第三空間」，這種願景表達方式就是具體、可感知，讓人可以在腦海中清楚想像的。

» **簡潔**。谷歌創辦人謝爾蓋・布林（Sergey Brin）和賴利・佩吉（Larry Page）走進紅杉資本公司（Sequoia Capital）辦公室時，對方問這兩位大學生的願景是什麼，布林和佩吉回答：「提供一鍵取得全球資訊的服務。」（To provide access to the world's information in one click）短短一句簡潔有力的話語，讓矽谷風險投資公司不僅決定投資谷歌，甚至還要求任何尋求資金的創業者，都必須在十個英文字以內清楚闡述公司的願景。一位紅杉資本的投資人告訴我：「如果你無法在十個字以內描述自己的業務，我絕對不會投資、不會購買，也不會感興趣，就這麼簡單。」

» **一致**。願景若無法說服他人就毫無意義；而如果沒人知道，更不可能有說服力！雲端運算先驅 Salesforce 的執行長馬克・貝尼奧夫（Marc Benioff）曾告訴我說，他將公司的願景「終結軟體時代」印在護貝卡片上，讓每位員工隨身攜帶。他甚至製作了胸針，上面寫著「Software」一字並劃上紅色刪除線。這個願景在公司所有管道中保持一致，無論是在簡報、網站、廣告，還是所有行銷素材中，都能看到。

現在來看看賈伯斯對蘋果最初的願景，「讓人人都能擁有電腦」（A computer in the hands of everyday people）。這個願景簡潔有力：八個英文

字，三十五個字元，短到可以放進一則推特貼文裡；表現方式也很具體明確：讓人人都能擁有電腦；而且始終一致：賈伯斯把握每一個機會持續不斷地傳達這個願景。回顧前文提到的其他願景。甘迺迪的願景是：在十年內完成人類登陸月球，並安全返回地球（to land a man on the moon and return him safely to Earth by the end of the decade），很難找到比這更具體的目標了，甘迺迪甚至為此設立明確的時間表。艾德伯格向朋友提出的願景是「每個孩子都應該有一所優質的社區公立學校」（Every kid deserves a great neighborhood public school.），這個願景也是具體又簡潔，還不到十個英文字。杜席對酷聖石的願景同樣簡潔、具體且一致，「全世界公認的極致冰淇淋體驗」（The world will know us as the ultimate ice cream experience）。這句話被張貼在每一家分店，讓員工時刻清楚自己追求的目標。

賈伯斯曾說：「小公司在發展成數十億美元大企業的過程中，往往會失去最初的願景，公司內部設置大量中階管理層，使負責經營的高層與實際執行工作的員工之間形成了鴻溝。他們失去了對產品的直觀感受或熱情。充滿熱情的創意人才，必須說服五級管理階層才能推行他們認為正確的事。最終導致優秀的人才流失，只剩下庸才。我們不會淪為平庸的公司，我們要組成小型的菁英團隊，讓他們去實現自己的夢想，我們是藝術家，而不只是工程師。」[17]

避免成為「平庸的公司」。思考你希望為哪種公司工作，或是想投入的事業。你想為總是被動回應競爭對手，而非放眼未來的領導者工作嗎？你想跟隨每天總讓你忙東忙西、卻沒有明確方向的領導者嗎？你願意投入時間在沒有明確目標的事業上嗎？你當然不會願意，你需要激勵的團隊也不希望如此。沒有願景，就無法建立創新文化，這個願景應該是一幅鼓舞人心的藍圖，能夠激發最優秀的人才提出創意構想。願景始於領導者，願

景始於你自己。

打造個人品牌願景

所有創新公司都有具遠見的領導者，願景是讓創意蓬勃發展的基石。此點同樣適用於最重要的品牌，也就是**你自己**。如果你將個人視為「品牌」，就應該為自己未來想達成的目標制定願景。超越自我的願景能讓你每天一早充滿動力，激發源源不絕的創意。

2003 年，我被指派為洛杉磯 CBS 2 電視台報導阿諾・史瓦辛格（Arnold Schwarzenegger）上任加州州長滿一百天。這位著名的電影演員和健美冠軍，在一場特殊的罷免選舉中，當選為加州州長，取代先前的州長格雷・戴維斯（Gray Davis）。這三個月以來，我有幸坐在前排，親身見證史瓦辛格州長的多場演說，其中一些專注於政策議題，但也有許多極具個人色彩，尤其是他與青少年團體的交流。在聽過數十場演講後，我深刻體會到，偉大的想法和成功都始於充滿熱情的願景，而這對個人與企業都同樣重要。

我從未厭倦聽史瓦辛格講述他非凡的人生故事：一個來自奧地利（Austrian）小村莊的年輕人，來到美國，七次贏得奧林匹亞先生（Mr. Olympia）的頭銜，後來成為世界知名的演員，迎娶甘迺迪家族成員，最終當選為加州第三十八任州長。表面上看來，這是典型的美國夢故事，但若沒有願景，一切無從實現。史瓦辛格一再強調，他從十歲起便懷抱著願景，就是來到美國，把握這片土地上的所有機會。贏得奧林匹亞先生只是一個目標，是他實現個人願景的跳板。

史瓦辛格每天都在腦海中勾勒願景，無論是在每一次艱苦的訓練中，

還是在面對挫折時。他在心中早已預見自己在美國的成功，而剩下的只是按部就班去實現而已。史瓦辛格並不確定該如何達成他的願景，但他堅信適當的時機和貴人終將出現在自己的生命中。

　　激勵人心的願景非常重要，至少在每個人都說你不可能成功之時，能給你足夠的信心堅持下去。每個人都認為史瓦辛格瘋了，包括他的父母、朋友，甚至後來的好萊塢經紀人，他們根本不相信會有人願意聘請一位不會說英語、身高六尺二寸（約一百八十八公分）的健美選手來當演員。但有個人這麼做了，即導演詹姆斯・卡麥隆（James Cameron），這位也對自己願景充滿熱情的人，選擇讓史瓦辛格主演《魔鬼終結者》（*The Terminator*）。卡麥隆認為史瓦辛格濃重的口音反而是一大優勢。他那句「我會回來」（I'll be back）之所以成為影史上經典名句之一，正是因為這是由帶著濃重奧地利口音的機器人所說！史瓦辛格總是說：「無論別人怎麼想，都要相信自己、堅持自己的願景。」他確實很有資格說這句話，身為有影響力的影星，後來又成為加州州長，阿諾成功將自己的願景傳遞給世界各地的人。

　　隨著網路的普及、社交網路工具的盛行，以及鼓勵組織內部所有成員提出想法的「開放式創新」過程，如今創意隨處可見，人人都能輕易取得。換句話說，單憑創意點子已經不足以讓你的品牌從競爭對手中脫穎而出。義大利管理學教授暨創新專家羅伯托・維甘提（Roberto Verganti）認為，未來十年不屬於能想出創意的人，而是屬於那些能建立平台、釋放創意無限潛能，並將之轉化為實際行動的遠見者。維甘提表示：「為了產生新穎的想法，我們被教導要跳出框架思考，然後再回到框架內；建立願景則是打破舊制，重建一個全新的框架。我當然不是在質疑創意本身的重要性，它仍然是啟動創新過程的關鍵。提出大量想法還是很重要，特別是在逐步

改進的過程中。但這並不是非此即彼的選擇,而是一種調整,轉向能夠帶來競爭優勢、最稀有且寶貴的資產,那就是願景。」[18]

賈伯斯不相信什麼創新系統,因為在他看來,創新發生在你聘請真正聰明的人,並激勵他們創造卓越的產品。聽起來很簡單,但靈感從何而來呢?人們會被願景、賦予他們生命意義的遠大目標所激勵,而賈伯斯總是擅長表達遠大的目標。他曾說:「我在聘請高階主管人才時,能力只是基本條件,他們必須非常聰明,但對我來說真正重要的是,他們會不會熱愛蘋果?因為,只要他們愛上蘋果,其他一切自然就會水到渠成。」[19] 讓人們愛上你,愛上你的公司品牌或服務,提出令人無法抗拒的願景來激勵他們,讓他們自然地與你攜手前行。

» 創新要點

1 允許自己大膽夢想。為個人品牌創造願景,成為激勵你每天早起的動力。制定崇高的目標,讓生活充滿意義,這樣的願景可能也會激勵你的團隊。

2 將你的願景付諸實踐,要大膽、具體、簡潔且一致。確保你的願景能輕易放入一百四十個英文字元以內的推特貼文*。

3 無論這個願景還有多麼遙遠,都要想像自己已實現了目標。熱情是讓你朝夢想前進的動力,而願景則提供了指引的方向。

---

* 編按:2017 年推特已調整過一次限制,增加至兩百八十個字元。

致勝心法 3
激發大腦潛能

創意就是發掘不同事物的關聯性。

──賈伯斯

第 6 章
主動發掘新經驗

麥金塔成功的原因之一在於，參與開發的團隊成員除了是世界頂尖的電腦科學家外，同時也是音樂家、詩人、藝術家、動物學家和歷史學家。

—— 賈伯斯

「蘋果」的公司名稱，真的就像是從樹上掉下來，完美契合賈伯斯對電腦的願景，簡單又易於親近。賈伯斯與沃茲尼克合夥開發電腦時，年僅二十一歲的他，還在加州洛斯阿圖斯、離父母家七百英里遠的地方，探索靈性的奧祕。雖然他已經從波特蘭的里德學院輟學，但還是時常回到奧勒岡州，和一群志同道合的人交流想法。這些人聚集在一個受禪宗影響的公社，名為「All-One 農場」，農場所種植的，沒錯，就是蘋果。至於內部的生活細節，外界知之甚少，而真正知情者（包括賈伯斯）也從未透露太多。不過，可以想見，那裡應該充滿冥想的氛圍，或許還伴隨一些七〇年代特有的「草藥」。不管蘋果農場發生了什麼，我們可以確定的是，這段經歷（遠離以工程為主的矽谷）無疑激發了賈伯斯的創意思維。在某次旅程中，賈伯斯偶然看似微不足道的觀察到一個「小」創新，這個點子卻蘊含著品牌識別的深刻啟示。

賈伯斯和沃茲尼克決定創辦公司，起步資金為一千美元（這筆錢足以製作直接組裝的印刷電路板）。沃茲賣掉了他心愛的 HP 65 計算器，換得五百美元；賈伯斯也賣掉了他心愛的福斯廂型車，又湊了幾百美元。就這樣，兩位好友正式踏上創業之路，只差一個合適的公司名稱。沃茲回憶：「我記得自己當時開車去機場接史蒂夫，沿著八十五號公路行駛。他剛從奧勒岡州回來，說是去了『蘋果農場』，但其實是某種公社。史蒂夫隨口提議說『蘋果電腦』……我們都試著想一些聽起來更有技術感的名字，但怎麼都想不到更好的。蘋果這個名字實在太棒了，勝過任何我們能想到的名稱。所以，就叫蘋果吧，非它莫屬了。」[1]

從賈伯斯和蘋果農場的故事中，我們得以一窺他獨特的思維模式。沒錯，世界上只有一個賈伯斯，就像每個人都有自己獨特的技能和經歷。當然，並不是每個人都能複製賈伯斯在電腦業界的成功，但我們都能學習如何提升創造力，而這點正是創新與成功的關鍵。問題是，怎麼做？賈伯斯的經驗能帶給我們什麼啟發呢？

創意就是發掘不同事物的關聯性

心理學家多年來一直試圖探索「創新者與眾不同的關鍵」。哈佛研究團隊針對此主題進行深入的調查，花了六年時間，訪問了三千名企業高管。他們的結論很有意思，但如果直接向賈伯斯請教，或許能省下不少研究時間。根據哈佛的調查，創新者與一般職場人士最大的區別在於「聯想力」：也就是串聯不同領域看似無關的問題、挑戰或想法的能力，「我們的經驗和知識愈廣泛，大腦能建立的關聯性就愈豐富，新的資訊會激發新的聯想；對某些人來說，這正是激發創新思維的關鍵。」[2]

哈佛這項研究計畫驗證了賈伯斯過往對記者所說的話,「創意就是發掘不同事物的關聯性」。以下是研究人員的看法:

> 當你向創意人士請教他們如何做到某件事時,他們會有點心虛,因為他們其實沒有做什麼,只是看到了某些可能性,時間一久,這些想法似乎變得很明顯。那是因為這些人能夠連結自身的經歷,加以融合創造出新事物。而他們之所以能做到這點,正是因為有比別人更多的經歷,或是比一般人更深入反思自身的經驗。可惜的是,這種特質非常罕見。在我們這一行很多人都缺乏多元的生活歷練,因此沒有足夠的「點」可以連結,最終只能得出狹隘而單一的解決方案,無法從更宏觀的角度理解問題。對人類經驗的理解愈廣泛,就能設計出更出色的作品。[3]

當然,我們永遠無法確定賈伯斯大腦中的神經元和突觸是否跟一般人不同,但研究創意過程的頂尖科學家似乎普遍認為,賈伯斯能夠不斷產生新點子的原因之一,正如哈佛研究人員所觀察的,他「一生都在探索各種新奇、看似無關的事物,例如書法藝術、印度寺院的冥想修行、賓士汽車的精緻細節」[4]。

三位商業教授在 2009 年 12 月《哈佛商業評論》所發表的「創新者的 DNA」研究中,提出了引人深思的比較。他們建議,首先,想像你有一位同卵雙胞胎手足,假設你們有相同的大腦和天賦,都被指派建立全新的商業計畫,你們只有一週的時間完成任務。「在這一週內,你待在房間裡獨自構思計畫,相比之下,你的雙胞胎(1)找了十個人交流,包括一位工程師、音樂家、全職爸爸和設計師,討論這個新計畫;(2)造訪三家

創新的初創公司，觀察他們的運作；（3）試用了五種「新上市的」產品；（4）向五個人展示自己製作的原型；（5）提出問題：「如果我試試這個會怎樣？」你覺得誰會想出更具創意（且可行）的計畫呢？」[5] 在這個例子中，賈伯斯很容易能扮演雙胞胎手足的角色，他比多數人更善於提出創意構想，因為他很擅長連結看似無關的事物。最重要的是，他是有意識的執行。他不見得總是知道這些「點」將如何或在哪裡連接，但他有信心最終會出現關聯性。

食物處理機、電鍋與磁吸式電腦配件

美膳雅（Cuisinart）食物處理機與家用電腦幾乎毫無關聯，是一種讓生活更便利的消費型「家電用品」，除此之外，兩者功能完全不同。然而，如果你像賈伯斯那樣思考，會發現靈感隨處可得，甚至在梅西百貨的貨架上也能找到。

如果你看過 Apple I 和 Apple II 的舊照片，會注意到這兩款電腦的外觀完全不同。Apple I 是一塊已組裝好的電路板，內含約六十顆晶片，於 1976 年 7 月上市，也就是賈伯斯和沃茲尼克決定共同創業三個月後。Apple I 是以套件形式銷售，主要是針對業餘愛好者，這些買家需要為電路板自行添加零件，組裝成一台完整的電腦，這過程絕對會讓「一般人」感到困惑又氣餒。一年後，蘋果推出了 Apple II，正是這款電腦讓公司聲名大噪，也開啟賈伯斯成為全球偶像這段漫長而驚人的歷程。Apple II 是當時最受歡迎的個人電腦：操作簡便，有彩色螢幕、內建鍵盤、八個內部擴展槽和獨特的塑膠外殼。這款外殼的設計便是經典的「聯想」範例：賈伯斯決定從電腦業界之外尋找靈感，才衍生了這樣的創意。

在沃茲尼克專注於改進 Apple II 的內部電路和設計時，賈伯斯則將心力放在機殼外觀上，他認為這款電腦必須能吸引一般消費者——希望擁有一台完整電腦、開箱即用的人，而不只是技術玩家——否則就無法獲得大眾市場的青睞，進而促成產品和公司的成功。賈伯斯想像這款電腦會進入家庭，或許在廚房，全家人都能輕鬆使用。因此，Apple II 必須比當時市面上的電腦更親和，應該更像廚房家電，而不是像電腦玩家在車庫裡拼裝的電子設備。

賈伯斯說：「我認為，雖然有些硬體玩家熱衷於自己組裝電腦，但多數人其實不懂組裝，只想玩玩程式設計……就像我十歲時一樣。我對 Apple II 的夢想就是，打造第一台真正完整封裝的電腦……我突然有個強烈的念頭，一定要為這台電腦加上塑膠外殼。」[6] 雖然聘請了工業設計師傑瑞・曼諾克（Jerry Manock）來操刀，但設計方向完全遵照賈伯斯的指示，賈伯斯的靈感並非來自電子商店，而是源於梅西百貨。《賈伯斯在想什麼？》的作者凱尼寫道：「他在梅西百貨的廚房用品區，看著美膳雅食品處理機時，突然領悟到這正是 Apple II 所需要的：造型優美、圓滑的邊緣、柔和的色調和觸感細緻的塑膠外殼。」[7] 這個模具外殼是一項創新的電腦設計，Apple II 因此成為業界最受歡迎的個人電腦之一，也使賈伯斯和沃茲尼克多次躋身百萬富翁之列。沃茲尼克發明了 Apple II，但正是賈伯斯的創意思維將技術產品變成人人都會使用並喜愛的家電。

賈伯斯這輩子最常被誤解的話語，就是他曾提過：「好的藝術家模仿，偉大的藝術家偷取借鑑。」[8] 一些批評者引用這句話來支持他們認為賈伯斯缺乏原創想法的觀點。但如果你看了（鮮少出現在印刷刊物上的）完整引述，會發現賈伯斯指的其實是在電腦產業**之外**尋找靈感，換句話說，就是連結看似無關的事物。完整的引述如下：「最重要的是，盡量讓

自己接觸人類創造過最美好的事物，然後融入工作中。畢卡索曾說過，『好的藝術家模仿，偉大的藝術家偷取借鑑』。我們一直不避諱偷取偉大的點子，麥金塔成功的原因之一在於，參與開發的團隊成員除了是世界頂尖的電腦科學家外，同時也是音樂家、詩人、藝術家、動物學家和歷史學家。」當你看完了整段話之後，就會知道賈伯斯真正的意思並非偷取，而是強調多樣化經歷和聯想力對於激發創意的重要性。

賈伯斯做了無數的聯想，使蘋果在電腦設計每一個層面上都持續創新，連電源線也不例外。蘋果筆記型電腦的 AC 電源轉接器叫做 MagSafe，是能連接電腦與電源線的磁鐵。許多電腦用戶都曾經歷過或擔心自己不小心絆到電源線，眼睜睜看著電腦重摔到地板上。MagSafe 的設計旨在防止這種情況，能輕鬆又安全地將電腦與電源線分開。蘋果「偷取了」源於日本的點子。更具體地說，蘋果將電鍋和電腦這兩個本來毫不相干的東西做了創意的「聯想」。

日本電鍋多年來一直使用這種磁性扣件，是為了防止溢出而設計的。如果電腦掉到地上，你可能只是失去一個可替換的物品；但如果滾燙的電鍋掉到地上，尤其是因為孩子絆倒了電源線而引發事故，後果可能是無法挽回的悲劇。2006 年，當 MagSafe 技術首次應用於蘋果 MacBook 時，許多用戶都在論壇上熱烈討論，認為這是長久以來最酷、最創新的概念之一，也有些人認為這是個「舊」點子，指出在沃爾瑪（Wal-Mart）販售的日本電鍋和油炸鍋也有相同的設計。

「蘋果之所以能夠創造出像 iPad 的產品，是因為我們一直致力於將科技與人文藝術融合，力求兼具兩者的優點。」

——賈伯斯

這並不是新點子，創新的關鍵在於蘋果想到了競爭對手未曾考慮過的關聯性。

賈伯斯的「不同凡想」

透過尋求新經歷來進行創意聯想的概念，值得更深入探討，這在賈伯斯不斷推出創新產品的過程中，發揮了重要作用。賈伯斯是典型的反傳統者，總是積極挑戰並推翻傳統觀念。根據埃默里大學（Emory University）著名的神經科學家格雷戈里・柏恩斯（Gregory Berns）的說法，成功的反傳統者，往往對全新經歷有「與生俱來的吸引力」。

在《偶像破壞者：不同凡想的成功法則》（*Iconoclast: A Neuroscientist Reveals How to Think Differently*）一書中，柏恩斯的這段話幾乎可以說在描述賈伯斯：「想用與眾不同的觀點看待事物，最有效的方法是讓大腦接觸全新的事物。新奇事物能解放感知過程，擺脫過去經歷的束縛，促使大腦做出全新的判斷。」[9]

柏恩斯宣稱，只要知道了反傳統者是怎麼激發大腦去促成新的連結，我們也能夠掌握這些技能。這對於想要學習賈伯斯思考方式的崇拜者來說，是個好消息。

賈伯斯並非單純地「看」事物與眾不同，而是對事物有不同的「感知」。視覺與感知本質上並不相同；而真正區分創新者與模仿者的，正是感知能力。視覺是光子的信號照射到眼睛視網膜，刺激感光細胞，並轉換成神經脈衝傳遞到大腦的不同部位。而正如柏恩斯所指出的，感知則是「大腦對這些信號更複雜的**解讀**過程」[10]。雖然在全錄帕羅奧圖研究中心，許多人曾看到圖形使用者介面，但只有賈伯斯對此有不同的**感知**，他經歷了頓

悟，激發出巨大的創意火花。

根據柏恩斯的說法，頓悟很少發生在熟悉的環境中。這有道理，尤其是當你回想起賈伯斯和蘋果農場的故事時，他靈機一動將「蘋果」和「電腦」這兩個看似無關的詞語聯繫在一起。這個靈感並非發生在賈伯斯的「工作」場所（當時還在父母的車庫），而是在幾百英里外的地方！一些懷疑論者認為，公司需要更具技術性、更正式的名字，否則永遠不會被人認真看待。顯然，這些懷疑者對事情的感知並不像賈伯斯。真正的關鍵在於，必須讓電腦的形象變得更具親和力，吸引更多的普通用戶，還有什麼能比蘋果一詞更簡單、更接地氣呢？柏恩斯表示：「感知上的突破並不是單純盯著一個物體並加強思考就能達成的，突破來自於當感知系統遇到無法解釋的事物時，陌生感會迫使大腦摒棄原有的感知類別，創造出新的分類。」[11]

「不同凡想」的關鍵在於用開創者的眼光來感知事物，而要達成這一點，你必須讓大腦建立原本可能不會聯想到的連結。這聽起來似乎很難，但其實有簡單的方法可以激發創意。首先，你需要知道為什麼這麼做很困難。

人的大腦就像終極綠色科技；總是在想辦法節省精力，以維持生存。人類是「慣性動物」的說法是真的，因為大腦的運作會遵循心理學家所謂的「重複抑制」原則（repetition suppression）。簡單來說，大腦一再接收到相同的視覺刺激時，神經反應就會減弱，這是因為大腦已經進化成讓身體高效運作的系統。然而，為了讓我們的創造力達到巔峰，大腦神經元就必須保持在最活躍的狀態。如柏恩斯般研究創新、創造力和大腦行為的科學家表示，答案就是「讓大腦不斷接觸新的經歷」[12]。

當賈伯斯學習書法時，這種新穎的體驗，激發了他的創造力。賈伯斯在蘋果農場中冥想時，經歷了一些新事物，因此獲得了創意靈感。賈伯斯在一九七〇年代造訪印度時，體驗到與自己在加州郊區截然不同的生活方

式。而當賈伯斯聘請音樂家、藝術家、詩人和歷史學家時,他讓自己廣泛接觸新的經歷,以不同角度看待問題。賈伯斯最具創造力的洞察,正是源於他積極尋求新奇經歷,無論是實際的探索,還是與不同背景的人交往。

無手搖裝置的福斯汽車

無論在現實世界還是知識層面,賈伯斯都積極尋求新的體驗。改變所處環境確實符合心理學家關於尋求新經歷的建議,但許多成功的創意聯想往往是透過以新的角度思考問題來實現的。賈伯斯會運用類比和隱喻來啟發創意思維,以不同的角度思考客戶的問題。

類比展示了兩個不同事物之間的相似性,在傳遞訊息時,運用類比是有效的技巧,能幫助聽眾理解新的概念。透過比較聽眾不熟悉的想法與已經了解的事物,能增加他們接受新概念的可能性。賈伯斯在簡報中介紹創新產品時,經常運用類比。他在思考潛在解決方案時,似乎也會使用類比,將陌生的事物用熟悉的方式呈現,讓他能夠發揮創意聯想。我們將以無手搖裝置的福斯汽車為例說明。

IBM 於 1981 年夏季推出了第一款個人電腦。同年 11 月,賈伯斯已經完善了麥金塔電腦的計畫。對他的團隊來說,最重要的是,這個計畫詳細描述了麥金塔與 IBM 等競爭對手推出的新產品有何區別。這份商業計畫

「我真心祝福比爾・蓋茲,真的!我只是覺得他和微軟的視野有點狹隘。如果他年輕時曾嗑過迷幻藥,或是去過印度的修行中心,他可能會有更廣闊的視角。」[13]

—— 賈伯斯

書是賈伯斯親自撰寫的,雖然在大眾書籍或出版物中鮮少提及,但為我們提供了有趣的視角,得以一窺當代最具創造力的頭腦之一。以下是賈伯斯對麥金塔的描述:

> 自 1979 年以來,蘋果公司投入了數百萬美元和無數的人力,致力於開發出一致的使用者介面,旨在去除個人電腦中的「手搖裝置」*⋯⋯麥金塔背後的理念非常簡單:要讓個人電腦成為真正的大眾市場商品,它必須具備功能性、價格實惠、非常親民,又容易操作。麥金塔代表了大眾市場個人電腦發展的重大進步。麥金塔就像是蘋果的無手搖裝置福斯汽車,對於注重品質的消費者來說,非常實惠。[14]

賈伯斯的願景和他的類比,在一九八〇年代初期激發蘋果公司內部的熱情。我們已經討論過願景對於激發創新的重要性,但最具創造力的願景需要創意思考,而創意思考正是源於新奇的經歷和以全新的角度看待常見問題的能力。

電腦產業的「第一台電話」

賈伯斯這位創新者,也從電話發明家亞歷山大・格雪厄姆・貝爾(Alexander Graham Bell)的偉大創新成果中找到有效的類比,他說:「我們想要製造像第一台電話般的產品,我們要打造大眾市場的家用電器,這

---

* 譯註:比喻不便或困難的操作過程。

就是麥金塔的核心意義，代表電腦產業的第一台電話。」15

賈伯斯將貝爾的發明與麥金塔做了類比，在1844年電話問世之前，人們預測美國每個辦公桌上都會有一台電報機，賈伯斯則認為絕不可能，因為多數人根本無法學會如何使用，摩斯電碼（Morse code）的點畫組合對許多人來說實在太過複雜，就算能學會，也很少有人願意學。賈伯斯挑戰麥金塔團隊打造電腦產業的「第一台電話」，即一台操作簡單、任何人都能輕鬆上手的電腦。

電話這個類比也幫助賈伯斯構思麥金塔的設計願景。他的想法總是有遠大，也擅長啟發性的類比，正如傳記作家楊所說：「他在思考、反覆琢磨、衡量這台機器各種選項時，對著辦公桌上和家裡的電話凝視了好幾個小時，他愈看愈發覺這個事實：許多電話都擺在電話簿上，那似乎正是電腦在桌面上應占據的最大空間。」16

楊接著描述後續發展。賈伯斯帶著一本電話簿走進設計會議，把它扔在桌上，並要求麥金塔的底座面積不得大於這本電話簿。要知道，一台能放在電話簿上的電腦，體積必須縮小到當時市面電腦的三分之一。**三分之一的大小！**設計團隊對這個要求感到震驚，有些人直言不諱地表示懷疑。然而，正如前述的致勝心法中提過的，大膽、崇高又激勵人心的願景往往能激發創造力。果然，團隊迅速做出反應，想出解決辦法，將電腦改為垂直型，而非傳統的橫向設計。根據楊的描述：「這種垂直設計讓所有參與研發的人更加確信，他們正在為麥金塔開創一片新天地，打造一款前所未有的革命性小型電腦，與其說它是革命性的，不如說是創新的。麥金塔的**魅力**來自於包裝設計、功能組合，這種將舊點子重新組合成新包裝的做法，向來是賈伯斯的強項。」17

賈伯斯看待事物的方式是否真的與眾不同？是的。這種能力是賈伯

斯獨有的嗎？不是。任何人都可以學會變得更有創意，只要記住，大腦會在創意發想過程中不時與你對抗。當你在追求新體驗，或以不同的方式思考常見問題時，你其實是在挑戰大腦的本能，要求大腦付出額外的精力，因此並不容易。然而，如果強迫自己跳脫舒適圈，無論是在實際行動還是心理層面上，就能激發神經元的活躍，進而提高產生創新想法的機會，甚至可能因而徹底改變你的事業與人生。隨著你擴展視野、深入理解人類經驗，發現自己更能用創新方式解決常見問題也不足為奇。

» 創新要點

1. 運用類比或隱喻來思考問題，透過發掘兩個看似無關事物之間的相似點，大腦會創造出全新，甚至是深刻的連結。
2. 偶爾跳出舒適圈，唯有如此，創造力才能蓬勃發展。
3. 不要害怕新事物，樂於接受變化，接納不同的觀點和人生體驗。

第 7 章

挑戰慣性思考模式

想像力比知識更為重要。

——愛因斯坦

歷史上最具創新精神的時期之一，發源於義大利佛羅倫斯（Florence）。文藝復興運動（Renaissance）始於十四世紀，並在接下來的四百年間影響整個歐洲。這是思想大爆發的時代，畫家、雕刻家、思想家和發明家充滿生命力。像達文西（Leonardo da Vinci）和米開朗基羅（Michelangelo）這樣的天才，推動了當時的文化、科學和藝術的重大進步，並成為「文藝復興全才」的典範。

學者們對於文藝復興的起源，以及為何根源於佛羅倫斯的議題爭論不休。有些人認為一切都是運氣和機緣巧合，一群偉大的思想家恰巧在同一時期出生，也都生活在托斯卡尼（Tuscany），這種說法極不可能成立。更普遍的說法是所謂的「梅迪奇效應」（Medici effect），認為羅倫佐·德·梅迪奇（Lorenzo de' Medici）及其富裕家族，對於人類歷史上最偉大的文化運動奠基了發展，發揮了關鍵作用，甚至可說是決定性因素。

歷史學家認為梅迪奇家族是創新的催化劑，因為他們積極聚集了不同學科領域的人才，如建築師、科學家、雕刻家、詩人和畫家。許多時候，

才華集於一身。例如，達文西既是科學家、數學家、發明家、畫家、雕刻家、工程師，也是作家，他是真正的「文藝復興全才」，因多才多藝而備受各方讚譽。當時像達文西這類思想家，通常有三個共同特質：無窮的好奇心、挑戰現狀的渴望，也知道創意靈感來自於尋求新經歷。這些特質聽起來是不是很熟悉？沒錯，這些也正是企業家賈伯斯取得非凡成就的關鍵動力。無論是參加書法課程，造訪印度靈修中心，以電話為靈感設計電腦，還是與非電腦專業的優秀設計師合作，賈伯斯深知「創意就是發掘不同事物的關聯性」。不同的經歷使他能夠發現別人未能察覺到的關聯。在〈創新者的DNA〉（The Innovator's DAN）論文中，哈佛研究人員總結：「世界上最具創新精神的公司能夠蓬勃發展，正是因為善於利用創始人、高層和員工之間的跨界聯想。」[1]

創新思考始於行動

蘋果的座右銘「不同凡想」聽起來簡單，但研究創新的人發現，想要與眾不同地思考，就必須展開不同的**行動**。楊百翰大學（Brigham Young University）管理學教授傑夫・戴爾（Jeff Dyer）表示：「大多數高階主管將創造力和創新視為『黑箱』，或是認為這是別人擅長的事，而他們自己卻不知道該怎麼做。」[2] 戴爾和另外兩位研究人員針對三千名高階主管和

「與傳統觀念相反，創新並不是某些人與生俱來的DNA天賦，而是一組可以透過練習來培養的技能。如果你真心渴望在商業領域取得重大成就，就應該成為那個提出創意的人，而不僅僅是執行他人的想法。」[3]

——戴爾博士，楊百翰大學教授

經理進行問卷調查，研究結果發表於〈創新者的 DNA〉，關於受訪者如何產生創意，指出：「所有受訪者在產生創意之前，幾乎都曾經歷過某種行動，例如觀察了某些事物、與某人交流、進行某種實驗，或提出某個問題，而這些行動觸發了他們的創意。」[4] 不同的行動促使大腦做出新的創意聯想。雖然戴爾與他的研究團隊並未直接與賈伯斯交流，但研究的結論卻與我們對賈伯斯創新思考的理解相符。事實上，有些甚至與賈伯斯本人對創新和創意發展的說法不謀而合。

創新者的 DNA

戴爾與研究團隊海爾・葛瑞格森（Hal Gregersen）和克雷頓・克里斯汀生（Clayton M. Christensen）識別出使創新者真正與眾不同的五項技能。我們已經討論過「聯想」，也就是積極尋求不同的經歷，以下是其他四項關鍵技能的簡短總結，能幫助你啟動自己的創意過程。

疑問

創新者總是樂於挑戰現狀。研究人員發現，成功的創新者會花大量時間思考如何改變世界。更具體地說，他們在集思廣益時，會提出問題，像「如果我們這麼做，會有什麼結果？」許多企業家能清楚記得自己在取得最令人興奮的突破時，所問過的關鍵問題。例如，麥可・戴爾（Michael Dell）曾對研究人員表示，他創立戴爾電腦的靈感源自一個問題：「為什麼一台電腦的售價是零件總成本的五倍？」

想提出有效的問題，研究人員建議應該從「為什麼」（why）、「為什麼不行」（why not）和「如果……會怎麼樣」（what if）這類問題開始。他們

發現，大多數管理者只專注於小幅度的改善現狀，而非徹底顛覆。以「如何」（how）開頭的問題通常只會促成微小的改進，而提出「為什麼」和「如果……會怎麼樣」這類問題，則更可能激發突破性的見解。

如果不是賈伯斯提出了有效的問題，iPad 可能永遠不會誕生。如果他當時只是問：「我們該如何為 iPhone 打造更好的電子書閱讀器？」那麼 iPad 可能根本不會出現在討論範圍內。相反地，他的提問是：「為什麼沒有一種介於筆記型電腦和智慧型手機之間的裝置？如果我們來打造一個呢？」這個假設問題引發了團隊熱烈的討論：這種中介裝置必須在瀏覽網頁、欣賞和分享照片，以及閱讀電子書等關鍵任務上，優於智慧型手機和筆記型電腦的表現。這些問題最終促成了蘋果推出自 iPhone 以來最創新的裝置，一款可能徹底顛覆出版、娛樂和媒體產業的產品。

在 1996 年雜誌《連線》（Wired）的採訪中，賈伯斯曾表示：「佛教有個詞，叫做『初學者心態』（beginner's mind），擁有這種心態非常美妙。」[5] 賈伯斯談論的是佛教禪宗所謂「初心」的概念，意指一種開放的心態、渴望學習、不會有先入為主的觀念。禪宗大師認為，擁有初心的人就像小孩一樣，對生活充滿好奇心、驚奇與讚嘆，能夠自由提出「為什麼」和「如果……會怎麼樣」的問題，這種心態更容易挑戰現狀，對所有可能抱持開放的態度。

實驗

成功的創新者熱衷於「積極」實驗，無論是知識的探索、實際的操作，還是尋找新環境。賈伯斯是很有實驗精神的人，不管在現實世界還是精神層面。他喜歡拆解裝置，研究其中的運作方式，他對內部構造與外觀設計都同樣感興趣。同時，賈伯斯也不斷在精神領域中探索。例如，他在

里德學院「旁聽」了十八個月,對禪宗產生興趣,他表示由於禪宗「重視經驗而非知識理解」,自己因而深受吸引。他解釋:「我看到很多人一直在思考,但他們似乎沒有得到太多啟發,我對於能夠超越抽象理論概念、發掘更深層意義的人,產生了濃厚的興趣。」[6]

很多人不知道,賈伯斯的精神探索其實也促成了蘋果早期的許多創新。例如,賈伯斯堅信,Apple II 不應該使用風扇來冷卻電源,他認為消費者會更喜歡安靜的電腦,「這個信念來自於他對冥想的興趣,因為當時市面上所有電腦的風扇都讓人分心,影響了機器本身的純粹優雅」[7]。然而,要做到無風扇設計,需要不會產生過多熱量的電源供應器,這是當時的電腦所欠缺的。根據研究蘋果早期歷史的作者所述,沃茲尼克對電源問題並不在意,當時許多年輕的工程師也認為電源是無聊、不值得多加研究的電子領域。賈伯斯卻對事情有不同的「見解」,他基於自身知識探索所提出的願景,挑戰了現狀,他聘請工程師羅德・霍爾特(Rod Holt),設計出創新的電源,不僅大幅縮小了 Apple II 的體積,沒錯,也消除了風扇的需求。

社交

大多數人認為「社交」是在商會活動中交換名片。研究人員發現,創新者確實會建立人脈,但並非依照傳統的定義,反而是讓自己多與有趣人士互動交流,以拓展知識領域。例如,黑莓公司(Black Berry)創辦人麥克・

「若想創造出能改變世界的新事物,就必須跳脫他人預設的框架限制。換句話說,你必須挑戰普遍存在的人為限制,去思考各種可能性。」[8]

——沃茲尼克

拉扎里迪斯（Mike Lazaridis）告訴研究人員，他的黑莓機靈感來自於一場會議。同樣地，捷藍航空（JetBlue）創辦人大衛・尼勒曼（David Neeleman）也是在會議上獲得創意構想的。像拉扎里迪斯和尼勒曼的創新者，會刻意尋找新的經歷和新奇人物，深知新點子能激發自己的創造過程，這正是典型的文藝復興思維。賈伯斯雖然不常參加研討會，但他會與科技界以外的人交流，以拓展自己的視野。若你走進任何一家蘋果專賣店，會發現許多由賈伯斯的朋友史塔克設計的產品，這位當代設計師主要以飯店大廳和 Target 熱銷的膠帶台與嬰兒監視器等日用品聞名，而非電腦產品。

當你和不同領域的人廣泛交流，就更容易產生「聯想」，因而激發突破性創意。舉例來說，貝尼奧夫告訴我，他創立 Salesforce 宣傳者的點子，來自他和饒舌歌手 MC 哈默（MC Hammer）的交情。這位饒舌歌手向貝尼奧夫介紹了嘻哈文化中名為「街頭行銷團隊」（street teams）的概念，是指由支持某藝人的粉絲在當地組成的社群網路。貝尼奧夫將此概念應用在他的初創公司，創立了「城市巡迴」計畫，藉此與當地用戶會面，傳遞 Salesforce 的訊息，激發他們對產品的熱情，凝聚客戶，讓他們為公司大力宣傳。貝尼奧夫的「天才」在於他能夠捕捉到嘻哈文化中普遍存在的概念，並以創新方式應用到全新的技術領域社群中。

「有時光是改變環境，就足以讓感知系統跳脫舊有框架，這或許能解釋為何許多重大的頓悟常發生在餐廳。更大的環境變化，像出國旅行，能帶來更大的衝擊效果。當我們置身於陌生之處時，大腦必須重新建立分類，正是在此過程中，舊有的想法與全新的影像交織碰撞，融合成新的見解。」[9]
　　　　　　　　　　　　　　——葛雷戈里・柏恩斯，《重塑思維》作者

觀察

　　創新者會仔細觀察別人，尤其是潛在顧客的行為，而似乎正是在這觀察過程中，成功的創新者發現了自己的重大突破。研究人員回顧直覺公司（Intuit）創辦人史考特・庫克（Scott Cook）的故事，他看到妻子因無法有效管理財務而苦惱，便想到創造Quicken軟體；還有皮耶・歐米迪亞（Pierre Omidyar）的故事，他1996年創立了eBay，靈感來自於串聯起三件毫不相關的事：「對創造更高效市場的執著⋯⋯未婚妻想要找到稀有的Pez彈跳糖果機，以及當地分類廣告無法有效幫助人找到所需物品的問題。」[10]

　　像英特爾這樣的創新公司早就意識到觀察的重要性。英特爾聘用了數千名工程師來開發下一代微處理器，以便應用於電腦、汽車、小筆電、GPS設備，以及其他各種與日常生活息息相關的電子產品中。然而，工程師只是故事的一部分，當他們在開發下一代技術時，另一群員工往往會被派往數千英里外，走訪印度的小村莊、與馬來西亞的家庭同住，或在其他地方觀察學生在課堂上使用電腦的情形。他們是人類學家，主要任務是幫助英特爾從顧客的角度看世界。

　　這些人類學家或民族學家將觀察結果傳達給工程師，工程師則根據這些資訊來設計更符合一般人日常生活所需的技術。例如，美國與亞洲在住房的大小和格局方面存在顯著差異，而英特爾非常關注家用電子產品的未來發展，因此這些差異影響了針對全球不同市場的電腦和科技產品設計。

　　人類學家發現，在印度偏遠村莊，灰塵和缺乏穩定電力是主要問題，因此英特爾為筆記型電腦設計了延長電池壽命和防塵外殼的技術。人類學家還發現，許多家庭喜歡從筆電分享照片和影片，但多數人認為連接到電視螢幕太過複雜，只好圍在筆電的小螢幕前觀看。根據這些資訊，工程師創造了英特爾無線顯示技術，將筆電的內容無線傳輸到電視螢幕上。透過

這種方式，英特爾系統性的落實了「走出辦公室」的理念。

記住，大腦的主要作用是節省精力，而敏銳觀察會激發創意過程，迫使大腦進行原本會避開的聯想。英特爾已經領悟到，要進行有效的觀察，必須走進使用者的環境，而不是待在自己熟悉的環境中。

艾卓安娜・艾雷拉（Adriana Herrera）是 ERA 公關公司（ERA Communications）的負責人，辦公室設在夏威夷（Hawaii）和聖地牙哥（San Diego）。在進入公關領域之前，艾雷拉有工業與組織心理學的經歷，並研究創意思維。ERA 致力於培養創意文化，做法是與客戶在非傳統的環境中會面。由於創意很少出現在單調的會議室中，ERA 的客戶會議通常在戶外進行，如散步、健行，甚至衝浪（畢竟是在夏威夷）。腦力激盪會議也會在公共花園、海灘，或參與者們正划著衝浪板時進行。艾雷拉說：「我的心理學教育背景告訴我，人們在進行體育活動時，大腦神經突觸會被激活，血液會流向大腦。」[11]

艾雷拉的公司負責宣傳一場減少廢棄物的聖地牙哥研討會。在安排與聖地牙哥的環境服務部資訊官員的會議時，艾雷拉建議與其在對方的辦公室或咖啡店見面，不如直接到垃圾掩埋場去「聊聊垃圾」。這次經歷給了艾雷拉靈感，幫助她有效傳達聖地牙哥零廢棄物商業研討會（San Diego Zero Waste Business Conference）的宗旨。

在開拓新領域方面取得成功的公司，通常都是由了解大腦需要幫助才能激發創意的人所領導的，無論是全新軟體交付方式的 salesforce、開發微處理器的英特爾、策畫公關活動的 ERA，還是推出全新的電腦、音樂和娛樂產品的蘋果公司。這些領導者會積極尋求新經歷，做出巧妙的聯想，將看似無關的想法連結起來，進而獲得新知識。

追求新的經歷能幫助你激發創意過程。但前提是你必須相信，跳脫熟

悉的行為或思維習慣會為你帶來意想不到的突破，或許不是當下，但總有一天會顯現。墨守成規是成長、進步和創新的絆腳石，然而，要相信打破常規能夠為大腦開闢新的創意路徑，則需要有堅定的信念。創意不見得會按照你希望的時間發生，你兩年前在國外旅行時看到的某些事物，或許今天突然激發出可應用於事業中的創意。參加與自身領域無關的研討會，或許某一天會為你帶來靈感，幫助你推動公司進一步成長。觀察顧客的實際環境或安排戶外會議，最終可能孕育出成功的新構想。就連選修一門不尋常的課程，也可能會在**多年後**帶給你全新的世界觀，就像賈伯斯當年的書法課一樣。賈伯斯在史丹佛大學的畢業典禮演講中曾說過：「你無法預見這些點在未來會如何連接；你只能在回顧過去時，看到其中的關聯性。因此，你必須相信那些點最終會在未來某個時刻串連起來。你必須相信某種力量，無論是你的直覺、命運、人生、因果，還是其他信念。這種信念從未讓我失望過，也徹底改變了我的人生。」

「人類大腦是高度互動的，無論執行任何任務，大腦多個區域都會協同運作。事實上，真正的突破正是來自大腦的動態運作，也就是發掘事物之間的新關聯。例如，愛因斯坦善於靈活運用智慧，他在科學和數學領域的卓越成就已成傳奇。然而，愛因斯坦也熱衷於探索各種表達形式，相信任何能夠挑戰思維的事物，都能以多種方式加以運用。比方說，他曾與詩人交流，想了解直覺和想像力的作用……他的成功並非單純依賴強大的思維運算能力，而是來自想像力與創造力。」[12]

——羅賓森博士，《讓天賦自由》作者

» 創新要點

1 每天花十五分鐘提出挑戰現狀的問題,與其問「如何做」,倒不如提出「為什麼」和「如果……會怎樣」的問題。

2 主動尋求新的經歷。如果你習慣閱讀非小說類的書籍,不妨試著閱讀小說。如果你平時都在看商業類雜誌,不妨偶爾翻閱其他類別的刊物,例如家居園藝或藝術古董類。參加一些與本行無關的研討會,投入與工作無關的當地活動,做志工服務。把握任何旅行的機會,研究證明,一個人在不同國家的生活經歷愈多,就愈有可能將這些經歷轉化為創新想法、過程或方法。

3 不要拘泥於傳統的招聘標準。記得賈伯斯曾說過,當時設計並推廣原版麥金塔的團隊之所以成功,是因為成員中包括了音樂家、藝術家、詩人和科學家。組織心理學家和創新設計公司發現,最具創意的團隊通常是由不同領域的成員所組成,有各自互補的才能、技能和經歷。

致勝心法 4
銷售夢想，而非產品

我們也將繼續以不同的方式思考，
為那些自始至終支持我們的用戶服務。
很多時候，別人覺得他們很瘋狂，
但正是在這些瘋狂之中，我們看到了天才。

──賈伯斯

第 8 章
在瘋狂中看到天才

> 只有那些瘋狂到自認為能改變世界的人，才能真正地改變世界。
>
> —— 蘋果廣告

1997 年 8 月 7 日的 Macworld 博覽會，差點成為蘋果的最後落幕。賈伯斯離開他所創立的公司已經十一年了，而公司在一連串執行長的帶領下，推出的產品乏善可陳。前執行長史考利、邁克・史賓德勒（Michael Spindler）和吉爾・艾米利歐（Gil Amelio）都有商業、工程或物理的高等學位，他們都是聰明人，卻有致命的缺點：他們都不了解蘋果的核心客戶。因此，蘋果的銷售額急劇下滑，從 1995 年的一百一十億美元暴跌至大約七十億美元。蘋果不僅虧損，還不斷流失員工，許多蘋果的資深員工感到失望，選擇辭職，而有一些人則是在 1996 年被艾米利歐裁員時被迫離職。蘋果瀕臨破產邊緣，這家曾經引領電腦革命的公司，正面臨徹底瓦解的危機。

在波士頓的 Macworld 博覽會上，被艾米利歐邀請回來擔任蘋果「顧問」的賈伯斯登上舞台，迎來如雷般的掌聲。他宣布了幾項重大消息，其中包括艾米利歐的辭職，以及新董事會成員的任命，賈伯斯會繼續擔任皮克斯執行長，同時也將「暫時」接管蘋果。然而，真正的頭條新聞與誰不

在場無關,反而是聚焦於「誰」出現了,即便只是透過衛星連線。賈伯斯宣布,蘋果將獲得來自競爭對手微軟公司一億五千萬美元的投資。比爾・蓋茲現身於大螢幕上,迎來觀眾些許的掌聲,還夾雜了一些噓聲。賈伯斯很快為蓋茲辯護,並明確表示兩家公司必須合作,以維護電腦產業的最佳利益和蘋果的生存。這場活動還有一個顯著特點就是,並沒有推出任何新產品。因此,媒體自然將焦點放在賈伯斯的回歸和「微軟交易」上。回顧當時這場主題演講,我們得以一窺推動蘋果復甦的創新策略:賈伯斯比任何人都更了解蘋果的客戶,理解他們的需求、希望與夢想。最重要的是,他欣賞他們的瘋狂。

我們的客戶志在改變世界

在波士頓演講的前幾週,賈伯斯向蘋果的一百位員工提出了問題:「誰是全球最大的教育公司?」只有兩個人給出正確答案,也就是蘋果。毫無疑問,蘋果是全球最大的教育產品供應商,在所有教師使用的電腦中,蘋果產品就占了65%。根據賈伯斯的說法指出,若公司內部的人對自己的核心客戶都不了解或不重視,就不可能創造出能滿足客戶需求的新產品。

除了教育市場外,蘋果電腦也是出版和設計領域創意專業人士的主要工具。賈伯斯指出,雖然蘋果的市占率只有7%,但在廣告、平面設計、印前製作和印刷行業所使用的電腦中,八成是蘋果的產品。此外,64%的網站都是用蘋果電腦製作的。「創意人士」顯然是蘋果的重要客戶群,這是蘋果在公司重振過程中可依靠的基礎。賈伯斯認為蘋果忽視了創意專業人士的核心用戶,他告訴觀眾:「舉例來說,10至15%的Mac銷售量主要來自使用Adobe Photoshop應用程式的用戶,但我們卻沒有好好經營,

你看到蘋果和 Adobe 共同推廣 Photoshop 是多久以前的事了？蘋果可曾主動詢問過 Adobe：『我們該怎麼做才能讓 Photoshop 在蘋果電腦上運作更順暢？』我們未來會更重視這些問題。」[1]

在賈伯斯發表主題演講之前，《連線》曾出版過一期封面，上面是蘋果商標長滿荊棘的照片，標題寫著：「祈禱吧！」另一篇報導則宣稱：「蘋果已經變得無關緊要。」[2] 當時許多人認為蘋果正走向衰亡，然而賈伯斯看到的卻是極具影響力，因為他了解客戶，以及蘋果在顧客生活中扮演的角色。賈伯斯強調，蘋果的執行力非常出色，只是執行的方向錯誤，未能滿足兩千五百萬核心客戶的需求。

賈伯斯在波士頓的演講結尾時，提出了觀察，預告企業史上最具影響力的廣告活動之一，也為蘋果的復甦奠定了基礎。賈伯斯停頓下來、壓低聲音、放慢語速，接下來的兩分鐘，他描述了蘋果的核心客戶，他們的技能、需求和夢想：

> 最後，我想談談蘋果這個品牌，以及它對許多人來說所代表的意義……我認為，選擇蘋果電腦必須有與眾不同的思維，而那些購買蘋果電腦的人，確實有不同的思考方式，他們是世界上的創意靈魂，不是單純為了完成某項工作，而是想要改變世界，也會善用一切最好的工具來實現這個目標，我們的產品就是為了這些人打造的。希望今天展示的初步成果，能讓你們對蘋果更有信心。我們也會堅持不同凡想，繼續服務自始至終都支持我們的用戶。很多時候，別人覺得他們很瘋狂，但正是在這種瘋狂之中，我們看到了天才，而我們所打造的工具，正是為了這些天才。[3]

向瘋狂的人致敬

在波士頓 Macworld 博覽會一個月後，蘋果推出了「不同凡想」的廣告活動，大家普遍認為這則廣告挽救了蘋果過去幾年陷於低谷的品牌形象。該活動由 TBWA/Chiat/Day 創作，於 1997 年 9 月推出；獲得廣泛的好評，很快吸引了大批忠實粉絲，成為蘋果廣告策略的核心；一直延續到 2002 年，這在企業形象宣傳廣告中堪稱經典。在沒有賈伯斯掌舵的十一年間，蘋果失去了業界先驅者的地位，但只花了短短三十秒就扭轉了形象。這則電視廣告最終之所以成功，正是因為讓蘋果員工重新認識自己的客戶是誰；而對客戶而言，這使他們更加確信，蘋果是理解他們夢想與抱負的品牌。

「不同凡想」的電視廣告活動被稱為「瘋狂的傢伙」（Crazy Ones），這是有史以來最具創意的廣告活動之一。在這段電視廣告中，螢幕上呈現出一系列的英雄、思想家、發明家和反叛者的黑白蒙太奇（montage）影像，包括愛因斯坦叼著煙斗；巴布・狄倫吹著口琴；馬丁・路德・金恩（Martin Luther King）演說「我有一個夢想」；理查・布蘭森（Richard Branson）*搖晃香檳瓶；瑪莎・葛蘭姆（Martha Graham）翩翩起舞，以及畢卡索作畫。隨著這些激勵人心的畫面依次呈現，演員德雷福斯朗誦著一首自由詩，這首詩雖非賈伯斯親自撰寫，但充分體現了他對精神探索的信念。

　　向那些瘋狂的傢伙們致敬。他們特立獨行，他們桀驁不馴，他們惹事生非，他們格格不入，他們不人云亦云，他們不

---

* 編按：維珍集團（Virgin Group）創辦人，在唱片、航空領域等都有涉略，採多角化經營。給人勇於冒險、與眾不同、特立獨行的強烈印象。

墨守成規，他們也不安於現狀。你可以引用他們、質疑他們、頌揚或詆毀他們，但唯獨不能漠視他們，因為他們改變了世界，推動人類向前發展。或許他們是別人眼裡的瘋子，卻是我們眼中的天才。因為只有那些瘋狂到自認為能改變世界的人，才能真正地改變世界。[4]

單純閱讀這段文字的效果，遠不如聆聽德雷福斯朗誦時帶來的震撼力。大家可以在 YouTube 上找到這段影片，你真的應該親自觀賞，才能體會到一位出色的演員如何讓紙上的文字栩栩如生。賈伯斯曾表示，這則廣告旨在提醒蘋果員工他們的英雄是誰，同時，也提醒客戶要對自己有信心，相信自己的希望和夢想。廣告的結尾是一個小女孩睜開雙眼，彷彿看見未來的無限可能。這則廣告隱含的訊息是，使用蘋果電腦的人，同樣能看到別人所忽略的可能性，他們是世界上的「創意靈魂」、不受傳統束縛，蘋果正是直接向這群人傳遞訊息。

這場廣告活動和賈伯斯之前的演講，揭示了積極創新者與平庸模仿者之間的根本差異：前者相信客戶的夢想和他們改變世界的能力；而後者只把客戶視為金錢象徵，僅此而已。

「『不同凡想』廣告活動的主要目的，在於喚醒人們（包括員工）蘋果所代表的精神。對於該如何向外界傳達自己的理念與核心價值，我們仔細思考了很久。後來我們想到，如果你不太了解某人，不妨問他：『你的英雄是誰？』從一個人崇拜的對象中，能夠看出此人所認同的價值觀，因此，我們決定：「好吧，就告訴大家誰是我們心目中的英雄。』」[5]

―― 賈伯斯

客戶不是「流量數據」

從 1995 年到 2000 年，在網路發展的巔峰時期，許多公司如雨後春筍般誕生，但多數幾乎毫無價值主張，只專注於追求「流量」。創業家、投資者和分析師普遍認為，只要能吸引足夠的瀏覽量湧入網站，這些新興公司就能成功「變現」。最終結果大家都知道，有些在數位淘金熱潮中搶先一步的人發了財，但多數公司則倒閉了。當時，我在一個名為 TechTV 的全國電視網主持財經節目，我的同事包括科技作家李奧・拉波爾特（Leo Laporte）、《個人電腦雜誌》（*PC Magazine*）專欄作家約翰・德沃拉克（John Dvorak），以及網路企業家兼社群新聞彙整平台 Digg 創辦人凱文・羅斯（Kevin Rose）。這是一個理想的平台，讓我得以見證所謂的「非理性繁榮」（irrational exuberance）的現象。我還記得曾見過網路泡沫時代的代表人物史蒂芬・帕特諾特（Stephan Paternot）和陶德・克里澤曼（Todd Krizelman），他們被稱為「泡沫男孩」（Bubble Boys），雖然這個稱號可不怎麼光采。

這兩個朋友創立了網路公司 TheGlobe，於 1998 年 11 月公開上市，創下 IPO 史上驚人的單日漲幅紀錄。直到今天，我還是不太清楚此家公司究竟如何改善人們的生活，或坦白說，他們到底在做什麼業務。事實上，當時連創辦人自己也說不清楚，大概就是個提供免費聊天和發訊息的網站，勉強可以稱為「入口網站」。然而，對創辦人來說，這一切並不重要，這些年輕人瘋狂揮霍，大肆炫耀自己的成功，結果一年後公司股價暴跌，從最高的九十七美元跌到了只剩約一毛錢，最終一無所有。事後看來，這種結局應該可以預見。CNN 的攝影團隊拍到帕特諾特在紐約一家夜店裡和模特兒女友跳舞。他說：「有了女人，又有錢，現在我準備過放縱又奢

華的生活。」[6] 顯然，這些人從不曾有賈伯斯的理念。在泡沫男孩忙著享受富豪生活時，賈伯斯則專注於打造真正能幫助客戶實現具體目標的產品。對蘋果公司來說，客戶不是「流量數據」，而是現實世界中不分年齡和專業，滿懷夢想的男女，他們的共同點是渴望更美好的生活。蘋果創造出改變世界的產品，正是因為這些產品幫助客戶實現了改變世界的夢想。

走進任何一家夜店，你很可能會看到 DJ 在用 Mac 電腦播放音樂，雖然有些人用的是 PC，但 Mac 筆記型電腦似乎更受青睞。我不是常跑夜店的人，猜想是因為 DJ 都很前衛時髦，而 Mac 電腦又很酷。然而，我問到一位在拉斯維加斯（Las Vegas）夜店工作的 DJ 為何選擇 Mac 時，他當下的回答完全與「時髦」無關，他說：「因為 Mac 不會當機，我可不想因為電腦當機而失去在威尼斯人酒店（Venetian）的工作。」

這位 DJ 選擇 Mac 並不是為了讓自己很酷，而是基於電腦的穩定性。他的夢想是成為成功的 DJ，能在拉斯維加斯、紐約和倫敦最頂尖的夜店演出。他是蘋果的忠實擁護者，因為蘋果的產品幫助他實現了夢想。如果 Mac 的美學設計讓他看起來更時髦，那只是額外的附加價值，他最在意的是，萬一出現可怕的「電腦當機」，不管他看起來有多新潮時尚，都會徹底毀掉他的夢想。

我們先確定自己想要什麼

賈伯斯非常了解自己的客戶，完全不需要焦點小組訪談也能打造出卓越的產品，他認為找焦點小組市調根本沒必要。賈伯斯也很少進行市場調查或聘請顧問，他曾說：「在我過去十年的工作中，唯一聘請過的顧問是分析捷威科技（Gateway）零售策略的公司，希望讓我們在開設蘋果專賣

店時能避免重蹈覆轍。但我們從來不會專門聘請顧問，只會專心打造卓越的產品。」⁷

這並不代表蘋果不重視用戶意見；事實上，蘋果非常看重，才會不斷推出產品更新、顏色、功能和實用設計的選項。但要記住，創新有**小創新**（小寫的 i）和**大創新**（大寫的 I）之分。雖然人們常說「團隊中沒有 I（自我）」，但在**創新領域**中卻有一個大大的 I，而在追求突破創新方面，賈伯斯總是會先問自己：「如果是我，會想要什麼？」事實證明，賈伯斯和蘋果員工本身就是公司最好的焦點小組。當被問到蘋果為什麼不做焦點小組調查時，賈伯斯回應：

> 這與流行趨勢無關，也不是在欺騙或說服消費者誤以為自己會需要某樣東西。**我們會先確定自己想要什麼**，我認為我們能憑著理性分析的本事，自行判斷這是否符合大眾需求，這正是我們的職責所在。所以，你不能指望別人告訴你「下一個重大發明是什麼？」亨利・福特有句名言說：「如果我問顧客想要什麼，他們大概會回答『一匹更快的馬』。」⁸

科技分析師羅伯・安德爾（Rob Enderle）曾評論：「賈伯斯認為大多數消費者其實根本不知道自己想要什麼，因此不會用焦點小組來開發產品。」安德爾認為，如果蘋果當初開發 iPad 時依賴焦點小組，這款產品可能會變成像十年前的微軟平板電腦，價格更貴、重量更重、功能更複雜，基本上就是一台沒有鍵盤的筆記型電腦。反之，蘋果開發出一款輕薄、簡單易用的裝置。安德爾指出，這個決策使蘋果的銷量比依消費者需求而設計的產品高出數百萬台，「大多數廠商會廣泛推出經過焦點小組測試的產

品,希望靠著數量和多種選擇來涵蓋潛在市場,吸引各種消費者。然而,蘋果的策略截然不同,只打造少數產品,再透過精準行銷讓消費者趨之若鶩。」[9]

賈伯斯曾說,透過焦點小組市調來設計產品並不容易,因為多數時候,在真正看到產品之前,人們並不清楚自己想要什麼。那麼,蘋果員工如何解決在產品開發之前,無法預測市場接受度的困境呢?其實很簡單,他們會依賴對產品要求最嚴苛的測試群體,也就是自己。**我們會先確定自己想要什麼**。蘋果的 DNA 就是以消費者為導向,而賈伯斯和團隊始終專注於消費者的需求。如果某種產品能打動他們,很有可能也會在市場上大受歡迎,成為一款暢銷且獲利豐厚的產品。

科技洞見

許多創新「顧問」總喜歡滿口專業術語,比如**用戶導向的創新**(user-centric innovation)、**群體協作**(mass collaboration)和**群眾外包**(crowd sourcing)等。這些術語的核心理念其實很簡單,就是密切關注客戶需求,讓客戶直接參與新產品或服務的開發與推廣。你從沒聽賈伯斯說過這些語詞,但所謂的創新「專家」卻經常掛在嘴邊,這足以說明,他們根本沒有真正領會創新的精髓。賈伯斯對這類術語不屑一顧,他更在乎的是打造出簡單、易用、充滿美感的產品,真正幫助蘋果用戶改善生活。

蘋果每天都關注用戶的意見。然而,真正推動蘋果「大」創新的,並非源於傾聽用戶需求,而是在於引導用戶以全新角度思考如何解決自身問題。這正是賈伯斯所說「蘋果不做焦點小組市調」的核心理念,他的意思絕不是要公司忽視客戶的意見,而是主張應該比以往更貼近客戶,逼近到

你能在客戶自己意識到需求之前,就先一步告訴他們真正需要什麼。

義大利管理學教授維甘提提出一個有力論點,認為真正推動顛覆性創新的企業,會主動提出願景,或是他所稱的**提案**(proposal),告訴客戶他們將會喜歡什麼產品。他指出:「蘋果的創新並非來自客戶的回饋意見,而是由蘋果向客戶所傳遞新的洞見,與其說蘋果傾聽用戶,不如說是用戶在傾聽蘋果。」[10] 聽取客戶需求可能推動漸進式的創新,但難以帶來真正的突破。相較之下,蘋果所推動的創新,正是他所謂的「科技洞見」(technology epiphanies),即對客戶未來需求的前瞻性洞察,甚至改變他們看待世界的方式。維甘提進一步指出,蘋果的創新理念並不只是「以用戶為中心」,而是建立在更深層的「客戶價值」之上。他認為:「如果公司專心打造讓自己引以為傲的產品,最終自然就會成功,股東價值也會隨之而來。許多企業管理者過於關注股東價值,反而忽略了客戶價值,而客戶價值才是真正讓公司獲利的關鍵。」[11] 蘋果之所以能成為業界最賺錢的公司之一,正是因為始終關注核心客群的需求。自 Apple II 誕生開始,賈伯斯就不斷帶來科技洞見,尤其深刻地影響了音樂、電信和行動計算領域。

數位音樂的成功要素

蘋果在 2001 年推出 iPod,並不是希望掀起革命,而是為了解決用戶的痛苦。當時的數位音樂播放器大多採用小型記憶晶片,最多只能儲存幾十首歌曲,並沒有比隨身 CD 播放器方便多少。而採用 2.5 英寸富士通硬碟的新產品,雖然能容納數千首歌,卻有個嚴重的缺點:從電腦到播放器的音樂傳輸速度慢得令人抓狂。蘋果推出了 FireWire,解決了這個問題。

2001 年 10 月 23 日,賈伯斯推出第一代 iPod,宣稱:「把千首歌裝進口袋。」由於這產品能讓用戶隨身攜帶自己的音樂收藏,他稱之為劃時代

的突破。在發表會上，賈伯斯特別花了幾分鐘講解 FireWire，示範 iPod 如何解決音樂傳輸速度緩慢的問題。FireWire 是蘋果在一九九〇年代研發的高速傳輸技術，用於數位裝置之間的資料傳輸。蘋果將這項技術整合到新款音樂播放器中，解決了音樂愛好者長期困擾的問題。當時，賈伯斯揭曉這個解決方案：

> 蘋果發明了 FireWire，也把它內建在每一台蘋果電腦中。如今，iPod 也內建 FireWire，這是全球首款也是唯一配備 FireWire 的音樂播放器。為什麼？因為速度非常快。利用 FireWire 將整張 CD 音樂傳輸到 iPod，只需要五到十秒鐘，相較之下，透過 USB 連接則需要五到十分鐘。再來比較看看傳輸一千首歌，使用 iPod 的 FireWire，不到十分鐘就能完成；如果用 USB 傳輸，則需要五個小時。你能想像嗎？五個小時！你只能盯著它發呆，等著它慢慢傳輸。而用 iPod 不到十分鐘就搞定，速度比市面上任何 MP3 播放器快上三十倍。[12]

當然，iPod 還有其他值得一提的特色，包括：配備滾輪，方便用戶操作；有十小時的電池續航力；體積小巧（和一副撲克牌差不多）；還有蘋果經典的設計風格，簡單且易於使用，總之，iPod 是一款更優秀的數位音樂播放器。然而，iPod 並**不算**一項徹底顛覆的創新，真正的「科技洞見」出現於兩年後，也就是推出 iTunes 音樂商店的 2003 年 4 月 28 日，賈伯斯重新定義了人們獲取和享受音樂的方式。根據維甘提的說法，賈伯斯向顧客提出了任何焦點小組都不會想到的**提案**：每首歌只需要花九十九美分，就能得到更令人滿意的音樂體驗。如果賈伯斯只是單純傾聽顧客的需求，

沒有人會說他們希望付費購買音樂，他必須改變顧客對音樂體驗的思維。因此，他從一段歷史開始講起：「我們都知道，1999 年出現了名為 Napster 的風潮，雖然在 2001 年關閉了，但讓我們看到了一個重要趨勢，發現網路非常適合用來傳播音樂。後來出現的 Kazaa 仍然活躍至今。這種模式有好有壞。好處是，用戶可以隨時下載歌曲，即時得到滿足，比起跑一趟唱片行方便得多。壞處是，這是盜版行為。所以，讓我們從用戶的角度來看看其中的利弊。」[13]

賈伯斯隨即列出維持現狀的各種好處：

- 有大量的音樂選擇，遠超過全球任何實體唱片行
- 無限制的 CD 燒錄
- 可以將音樂儲存到無數台 MP3 播放器
- 完全免費！

「這樣有什麼不好呢？」賈伯斯問道，隨即自行解答，列出維持現狀的「壞處」。

- 下載品質極不穩定
- 音樂品質參差不齊（「這些歌曲很多是小孩隨便轉檔的，品質可想而知」）
- 無法試聽歌曲（「你可能下載了半天，最後才發現那不是你想要的歌」）
- 沒有專輯封面

» 這是盜版行為 [14]

賈伯斯指出：「多數人不在乎這些問題，他們只會看到好處。這種現象為什麼會愈演愈烈呢？因為目前沒有值得一提的合法替代方案。」經過這段鋪陳之後，賈伯斯介紹了 iTunes 音樂商店，稱之為「正確的數位音樂下載方式」。

賈伯斯說明蘋果如何與主要唱片公司談判，達成開創性的協議。最初的 iTunes 音樂商店上架二十萬首歌曲，也允許用戶購買後在任何 iPod 上享有播放音樂的權利。賈伯斯很清楚，有些消費者可能會覺得每首歌九十九美分還是太貴，畢竟在網路上也能免費下載音樂，因此，他特別針對此回應：

> 九十九美分到底值多少？今天早上有多少人喝了星巴克拿鐵咖啡？那是三塊錢，你本來可以買到三首歌。再想想今天世界各地賣出了多少杯拿鐵。現在我們再看看缺點。下載不穩定或編碼不可靠是什麼意思？這是很常碰到的情況，你去 Kazaa 搜尋一首歌，結果不只找到一首，而是發現有五、六十首，得從中挑選能讓你順利下載的，結果還經常挑錯。下載像龜速，甚至會中途停止，你重試一次，結果還是一樣。幾次之後，你終於下載成功，但發現最後四秒鐘被截斷或中間故障，或是由不懂的人胡亂編碼，聽起來很糟糕。你一再重試，十五分鐘過後，你終於成功下載到完整的版本，這代表你花了一小時才下載四首歌，而這些歌在蘋果平台上不到四美元就能買到，等於你的時薪還低於最低工資！更別說，你這還是盜版行為。[15]

iTunes 音樂商店就是科技洞見的範例，維甘提表示：「iPod 不僅僅是隨身音樂播放器，蘋果所創造的整個系統，包括 iPod、iTunes 軟體應用程式、iTunes 音樂商店，以及銷售音樂的商業模式，為用戶提供完美流暢的體驗⋯⋯因此，iPod 的成功不僅僅是基於許多人認為的時尚設計和獨特功能，如使用者介面和可儲存的歌曲數量，而是來自於人們認同 iPod 所帶來的無形價值。」[16]

蘋果的財富是在 iTunes 音樂商店的顛覆式創新之後，才開始起飛的，而不是起因於 iPod 的推出。iPod 雖然令人驚豔，但屬於漸進式創新的產品，音樂商店則掀起了革命。維甘提提醒我們，蘋果於 2001 年推出 iPod，2003 年推出 iTunes 音樂商店；一年後，iTunes 開始支援 Windows 系統。維甘提指出，iPod 的需求量在 2004 年開始激增，當年的銷售量是前兩年總銷售量的八倍。到 2011 年，iTunes 音樂商店占了全球所有合法線上數位音樂銷售的 70% 以上，蘋果因此成為全球最大的音樂零售商。

蘋果是怎麼成為全球最成功的音樂公司？蘋果發明了音樂播放器嗎？沒有。創造了音樂內容嗎？沒有。蘋果是第一家提供數位音樂下載的公司嗎？也不是。但蘋果確實做了一件其他公司都沒做到的事，那就是徹底提升了顧客體驗。

雖然 iPod 是以用戶為中心的設計典範（客戶有問題，我們提出解決方案），但 iTunes 音樂商店則是顛覆式創新的範例，正如維甘提觀察到的，「這種創新很少是透過迎合用戶需求而產生的」[17]。相反地，蘋果對顧客提出了提案，如果你願意花一點點錢購買音樂，我們將為你提供以下服務：快速、簡單、可靠的下載、龐大的音樂庫，還有正面的形象！

蘋果顛覆手機產業

iPod 改變了蘋果公司和整個音樂產業。2007 年，iPhone 讓蘋果再次突破，也徹底顛覆了整個電信產業。《時代雜誌》將 iPhone 譽為 2007 年的最佳發明，理由如下：

> **外觀精美**（賈伯斯認為，精美的設計與卓越的技術缺一不可）
> **手感極佳**。正如當年麥金塔電腦率先推出圖形使用者介面一樣，蘋果也深諳如何運用多點觸控技術，讓使用者感覺自己正在「用手操控數據」
> **帶動手機產業的進步**
> **不只是通訊工具，而是應用平台**。事實證明，無數的第三方開發者創造了各式各樣的「應用程式」，使我們的生活更加便利[18]

值得注意的是，假若蘋果調查消費者對智慧型手機有什麼需求，那些讓《時代雜誌》記者稱讚的理由，根本不會出現在焦點小組的討論中。試想一下，如果蘋果曾問焦點小組成員是否願意捨棄觸控筆呢？沒有觸控筆？那你要我們用什麼？我們要怎麼操作螢幕？用手指頭嗎？太荒謬了。請製造一台附帶可伸縮鍵盤的手機，我們就會滿意了。消費者不會創新；他們只會重申已知的習慣。因此，蘋果必須提出一項**提案**，展現出手機將如何改變人們生活的願景。以下引用賈伯斯在 2007 年 1 月親自闡述的願景：

> 最先進的手機被稱作「智慧型手機」，這是一般的說法，通常結合了電話、電子郵件和簡易的網路功能。問題是，那種手

機既不夠聰明,也不容易操作……實在太複雜了……我們想要打造的是一款突破性的產品,比以往任何行動裝置都更聰明,而且超級簡單易用,這就是 iPhone……[19]

賈伯斯與 iPhone 團隊憑著直覺行事,他們是最了解自身需求的顧客。賈伯斯曾向《財星》雜誌的一位記者表示:「每個人都有手機,但我們就是討厭這些手機,實在是太難用了,軟體糟透了,硬體也不怎麼樣。我們跟朋友們聊過,他們也很痛恨自己的手機,每個人似乎都有滿腹牢騷。」他接著說:

> 這是個巨大的挑戰,我們要打造一款自己都會愛上的手機,我們有足夠的技術,有來自 iPod 的微型化技術和 Mac 的精密操作系統。沒有人曾經想過將 OS X 這樣複雜的作業系統放進手機裡,這確實是一大挑戰。我們公司內部對於是否能做到這一點,展開了激烈辯論。這件事需要我拍板定案,我最終決定:「我們就做吧!」最聰明的軟體工程師認為他們能夠辦到,不妨就給他們機會試試,而他們真的成功了。[20]

透過挑戰現有格局並提出未來手機可能的樣貌,賈伯斯不僅打造出更出色的手機,還創造了完整、充滿活力的開發者網路、「生態系統」,推出各式各樣的應用程式(2016 年已有十四萬個,也還在持續增長),這些應用程式出乎意料地成為人們日常生活中不可或缺的一部分。

前蘋果宣傳使者兼 Alltop 創辦人川崎曾說過,創新的主要目的並非製造酷炫的產品和技術;而是讓人們快樂。換句話說,利用手邊所有可用的

數位工具（如電腦、網站、智慧型手機、先進的診斷設備等）來創造新產品和服務，但始終記住一個目標：讓某人臉上露出微笑。保有對卓越的承諾，以及對顛覆現狀的無窮渴望。

解決客戶未曾察覺的需求

2010年4月3日星期六，數千人在全美各地的蘋果專賣店外大排長龍等候。許多人徹夜守候，希望成為第一批買到新款iPad的人。這些早起的粉絲中也包括蘋果共同創辦人沃茲尼克，他騎著Segway滑板車來到聖荷西（San Jose）的一家商場。他是在星期五晚上六點到達的，沒錯，就是商店開賣的前一晚（而賈伯斯本人則是在星期六中午悠閒地前往帕羅奧圖家附近的蘋果專賣店）。沃茲尼克離開商店時，帶著兩台新iPad，打算送給自己的岳父母。他告訴《個人電腦世界》（*PCWorld*）：「他們還無法適應複雜的電腦世界，還在用舊電腦，但iPad簡化了一切，像重新開始。我們都說希望一切變得更簡單，突然間，就有了這麼一台簡單的東西。」[21]

你可能覺得，如果女婿是個人電腦的先驅，或許會對電腦稍微熟悉，或至少可以向他請教。然而，沃茲尼克在《個人電腦世界》的說法點出了事實：對許多人來說，電腦實在太複雜了。他認為，iPad會吸引到對傳統電腦感到畏懼的人。他說對了，iPad在開賣第一天就售出了三十萬台。賈伯斯再次徹底顛覆了電腦產業，創造出人們真心愛用的產品。

可以肯定地說，iPad絕不是焦點小組討論出來的產物，怎麼可能是呢？很難相信傳統電腦的使用者會提出這樣的要求：我想要一台新裝置，比智慧型手機大，但又不像筆記型電腦的尺寸，請確保不能用來撥打電話，也不要裝上完整的電腦功能，不要配備滑鼠，順便也把鍵盤去掉；我想用手指操作這個新裝置。蘋果的客戶並沒有要求iPad，但他們卻得到

了，而一旦體驗過後，才發現自己再也無法割捨了。

作家兼編輯丹・萊昂斯（Dan Lyons）最初覺得自己不會愛上 iPad，認為這只不過是蘋果 iPod Touch 的放大版，一款包含 iPhone 所有應用程式、但沒有電話功能的裝置。「後來，我有機會使用 iPad，突然間覺得自己想要一台，我馬上就想到各種可能的用途，我會把它放在客廳隨時查看郵件和瀏覽網路；我會帶到廚房，邊吃早餐邊讀《紐約時報》；我還會帶著它搭飛機，用來看電影和讀書，」萊昂斯寫道：「這或許不會改變人生，但五百美元值不值得？當然值得。成交。買了。」[22]

時任媒體平台 Gizmodo 編輯兼作家的赫蘇斯・迪亞茲（Jesus Diaz）表示，iPad 是電腦界的未來，完全不需要任何訓練就能上手，他寫道：「一般人不喜歡現在的電腦，甚至痛恨，正是因為電腦複雜得離譜、令人難以理解⋯⋯就像 iPhone 默默地改變了人們對手機的認知，蘋果的 iPad 也將徹底並永久改變我們對電腦的認知及運作方式。」[23]

iPad 滿足了我們多數人未曾察覺的需求，直到賈伯斯揭露：

> 多數人都在用筆記型電腦和智慧型手機，但最近有個問題浮現，那就是介於兩者之間，是否還有空間容納第三類型裝置？對於這個問題我們已經思考了好幾年，我們的標準相當高。想創造一個全新的裝置類別，這裝置必須在執行某些關鍵任務上，表現得比筆記型電腦和智慧型手機更出色。哪些任務呢？比如說網頁瀏覽，這可是個大挑戰！還有收發電子郵件、

「與其糾結於過去發生之事，不如專注於創造未來。」
　　　　　　── 史蒂夫・賈伯斯，D: ALL THINGS DIGITAL 會議

欣賞和分享照片、觀看影片、享受音樂、遊戲體驗、閱讀電子書。如果第三類裝置無法在這些任務的表現上優於筆電或智慧型手機，也就沒有存在的必要了。[24]

接著，賈伯斯列出客戶在親自體驗 iPad 後，會享受到的好處：

》 無可挑剔地網頁瀏覽體驗
》 夢幻般的打字手感
》 輕鬆自如地分享照片
》 享受個人音樂收藏的絕佳方式
》 觀賞電視節目和電影的極致享受
》 比筆記型電腦更貼近人心、比智慧型手機功能更強大 [25]

蘋果的客戶並沒有要求開發平板電腦，而當蘋果推出這項科技洞見後，客戶便深深為之著迷。

賈伯斯與芭芭拉・史翠珊的共同特質

有些觀察者認為，多數公司永遠無法像蘋果那樣創新，雖然可能採用賈伯斯秉持的原則，但事實很清楚，許多領導者並沒有足夠的勇氣貫徹執行。蘋果之所以能推出令人驚嘆的產品，是因為追求卓越已深深根植於蘋果的 DNA 中。賈伯斯在 1988 年曾對《商業周刊》(*BusinessWeek*)＊表

＊ 編按：2009 年彭博社收購後改為《彭博商業周刊》。

示,「有些人不習慣凡事追求卓越的環境」。他的這番話是在回應前員工的說法,聲稱賈伯斯對員工要求過於苛刻,但賈伯斯似乎並不在意,他說:「我的職責之一是成為品質的標竿。」[26]

賈伯斯對於產品設計每個細節的高度關注,或許會讓他失去一些員工,卻贏得了無數忠誠的客戶。賈伯斯始終專注於客戶對蘋果產品和公司的體驗,他無法容忍任何達不到自己嚴格標準的事物,如果因此而惹惱了一些人,他也不在乎。前蘋果員工艾比說:「賈伯斯確實會罵人『笨蛋』,但很多其他員工也這麼做,笨蛋是指那些試圖推動不符合客戶最佳利益事物的人,我們的標準比任何人都高。」艾比表示,賈伯斯對卓越的堅持,就像芭芭拉‧史翠珊(Barbra Streisand)對音樂的執著一樣。史翠珊會堅持不斷要求重錄歌曲,直到聽起來完美無瑕,把錄音師逼到快抓狂。製作人和錄音師都說他們聽不出差別,但經過幾十次錄製後,他們不得不承認歌曲的確變更好了,艾比說:「賈伯斯能聽到別人聽不到的細節,最終,讓產品變得更好了。」[27]

那麼,為什麼多數公司無法像蘋果般創新呢?因為他們缺少兩樣東西:賈伯斯對卓越的堅持和對顧客體驗的承諾。前蘋果經理科德爾‧拉茨拉夫(Cordell Ratzlaff)在《連線》雜誌的採訪中表示:「他會仔細檢查每一個細節,甚至精確到像素層級。」[28] 任何細節都不放過。賈伯斯在2000年1月宣布 Mac OS X 時,曾說新用戶介面 Aqua 的設計目標之一,是讓螢幕看起來誘人,讓人看了想舔一口。這是第一個包含紅色、黃色和綠色按鍵的 Mac OS,賈伯斯花了幾個月時間確保設計完美無瑕。他希望這些按鍵能夠模擬交通號誌的效果(紅色代表關閉,黃色代表縮小視窗,綠色代表視窗最大化)。賈伯斯對按鍵的外觀、組裝品質和滑鼠游標的反應都極為挑剔。

凱尼寫道：「賈伯斯不喜歡困在會議室裡進行繁瑣的用戶研究，他會親自體驗新技術，記錄自己的反應，再提供回饋意見給工程師。如果某個功能太過複雜難用，賈伯斯會指示將之簡化……如果他覺得不錯，那蘋果的客戶也一定會喜歡。」[29]

賈伯斯之所以能夠不斷打造出令客戶驚嘆的創新產品，是因為他對客戶瞭若指掌，能理解他們的需求，很多時候，他甚至比客戶更了解他們自己。他看見了客戶的天賦潛能，而蘋果產品就是為這些人打造的。

≫ 創新要點

1. 對自己各方面的事業都堅持不斷進取。
2. 要求他人全力以赴，追求卓越。
3. 挑戰自己和每一位團隊成員，把客戶體驗視為首要任務。

「我們從不依賴焦點小組座談，這種做法只會設計出迎合大眾、卻毫無特色的產品。」

——艾夫，蘋果前傳奇設計師

第9章
換個角度，思考顧客需求

除了你自己之外，沒人在乎你的產品。

——史考特（David Meerman Scott），行銷策略專家

亞德里安・薩拉穆諾維奇（Adrian Salamunovic）和納齊姆・艾哈邁德（Nazim Ahmed）透過 DNA 發掘出數百萬美元的商機。這對好友兼創業夥伴白手起家，並在短短五年內將公司發展成價值數百萬美元的企業，這一切歸功於他們從蘋果公司汲取的經驗，以及每個人與生俱來的 DNA。他們創立的公司 DNA 11，專門將 DNA 轉化成藝術作品，運作方式很簡單。他們寄給客戶一套採樣工具，客戶採集口腔細胞樣本後寄回，公司再將對方的 DNA 轉化成可以掛在牆上欣賞的藝術作品。

2005 年，薩拉穆諾維奇是全職的網路顧問，艾哈邁德則在生物科技公司從事銷售工作。有一天在喝酒閒聊時，艾哈邁德向他朋友展示了 DNA 圖像。薩拉穆諾維奇回憶：「我當下直覺地聯想到馬克・羅斯科（Mark Rothko）的畫作。」[1] 羅斯科是俄羅斯裔的抽象表現主義畫家，後來隨父母移居美國，在紐約發展藝術生涯。薩拉穆諾維奇覺得 DNA 圖像畫作掛在牆上一定很酷，因此也想要一幅屬於自己的 DNA「藝術品」，他猜想別人可能也會感興趣。我發現，DNA 11 的創業歷程與蘋果的起源有

許多相似之處：兩位朋友在全職工作之餘，渴望在世界上留下自己的印記。其中一位擅長科學技術，但若沒有朋友的市場行銷洞察力，無法將產品商業化；而負責行銷的，能夠憑藉自身廣泛的經驗和興趣，激發出創意聯想。這兩位創業者沒有做任何市場調查，也沒聽取焦點小組的意見，而是憑直覺打造出自己會想要的產品。

薩拉穆諾維奇和艾哈邁德湊出所有積蓄，僅兩千美元，都投入到創業中，辦公室就設在艾哈邁德六百平方英尺（約十六坪）的小公寓裡，這就是蘋果精神發揮影響力的時候。他們將大部分的創業資金都投入到聘請專業攝影師，為網站拍攝高品質的肖像照。薩拉穆諾維奇的願景是打造「藝術界的蘋果」，因此每次決策時，他總會自問：「賈伯斯會怎麼做？」而賈伯斯絕對不會用現成的庫存照片。他們還會問自己：「蘋果會怎麼設計產品？會提供多少種產品？會如何創造客戶體驗？」DNA 11 在各個細節上都仿效蘋果的作風，正是透過這種思維方式，兩位創業者在第一年就創造了一百萬美元的銷售額。

賈伯斯不做焦點小組市調，DNA 11 也一樣。如果兩位創業者當初召集一群朋友或外人進行非正式的市場調查，DNA 11 可能不會誕生。想想

「我們正淹沒在一堆技術垃圾當中，市場上推出的每一個產品都源於產品經理、工程經理、行銷經理、銷售經理和所有利益相關人士多方妥協的決策結果，這些人都是根據各自對目標顧客需求的理解來制定產品規格的。賈伯斯和艾夫之所以能成功，是因為他們是為了自己而設計出優雅簡潔的介面、吸引人的產品，然後期待前衛的早期用戶也會有相同的看法。一旦雪球開始滾動，便會產生勢不可擋的動力。」[2]

——艾倫・布雷亞特（Alain Breillatt），
尼爾森公司（Nielsen Company）產品管理總監

看。如果薩拉穆諾維奇問一群人他們希望家裡掛上什麼藝術作品，沒有人會說：「請用我的 DNA 製成一幅藝術品，讓我可以掛在牆上。」顧客並不知道自己想要這種東西，然而一旦親眼看到後，就會為之著迷。到 2011 年，DNA 11 設計的藝術作品已經銷售至全球五十個國家的顧客手中。

顛覆性的創新很少來自焦點小組的回饋意見。消費者當初並沒有要求 iTunes 音樂商店、iPhone 或 iPad，但這些產品如今全都成為許多人日常生活不可或缺的工具。

像賈伯斯的成功創新者雖然不靠焦點小組決策，但他們會密切留意市場需求，持續改進產品、選擇和購買體驗，DNA 11 就是很好的例子。人們愛自己的寵物，而薩拉穆諾維奇總是關注顧客需求，他開始注意到愈來愈多人要求將寵物的 DNA 製作成藝術作品。這不是薩拉穆諾維奇當初創辦 DNA 11 時的計畫，但他順應顧客的請求，推出這項服務不僅滿足了現有顧客的「需求」，也向可能從來沒想過這種產品的潛在客戶提供了新選擇。如今，蓬勃發展的 DNA 11 收到數百件「寵物肖像」的訂單，成為公司的一項熱門產品。薩拉穆諾維奇還發現，最昂貴的 DNA 藝術品售價高達一千兩百美元，讓許多潛在顧客望而卻步，因此他問自己：「賈伯斯會怎麼做呢？」他的結論是：賈伯斯會推出更平價的選項，「就像是 iPod Shuffle」。如今，DNA 11 提供多種價格選擇，最親民的是「DNA 迷你肖像」。

DNA 11 的成功並非來自於市場調查或焦點小組，而是因為幫助客戶實現了夢想（在此案例中，是對個人專屬藝術品的渴望）。你的顧客有什麼夢想？切記，要向他們銷售夢想，而非產品。

五美元潛艇堡的幕後推手

史都華‧法蘭克爾（Stuart Frankel）是一位創業家，在邁阿密（Miami）經營兩家 Subway 連鎖店，他的創意構想掀起了速食業的變革，這個簡單的點子源於他對顧客的深刻了解，不是透過直接詢問，而是**真正洞察他們的需求**。當時南邁阿密正處於經濟衰退期，許多顧客都面臨財務困難。法蘭克爾想出了提升銷售的辦法，尤其是在平日生意較冷清的時段，推出十二吋潛艇堡五美元的促銷方案，這個價格沒有市場研究依據，只是因為法蘭克爾喜歡簡單的整數，同時又符合經濟拮据顧客的需求。

法蘭克爾的顧客對這個促銷反應熱烈，不久後，店面開始出現排隊人潮。這個簡單又創新的策略使全美的 Subway 連鎖店重獲生機，並創下了每年約三十八億美元的營業額。後來 Subway 成為美國十大速食品牌之一，主要歸功於五美元潛艇堡的促銷活動。然而，這一切差點沒能實現。

根據《商業周刊》的報導，「法蘭克爾和另外兩位來自南佛羅里達經濟蕭條地區的經理，不斷地向 Subway 總公司高層推銷這個想法，但遭到普遍的懷疑」[3]。這個想法經過一年多的努力，才終於得到公司高層認同，決定先在幾個城市測試，再決定是否要在全美推行。為什麼這個提案會拖那麼久才得到重視？因為當時公司高層並沒有像蘋果般思考。法蘭克爾的想法沒有經過市場調查和焦點小組來證實可行性，因此不符合 Subway 對創新的既定模式。畢竟，一個加盟店老闆怎麼可能會比公司總部裡、有 MBA 學位的管理層更懂市場情況呢？「這完全違背了我們的正常流程」，Subway 行銷主管表示，幸好，Subway 的高層最終改變了看法，認同法蘭克爾提出這個構想的吸引力。

這個行銷活動於 2008 年 3 月 23 日推出。加盟店業主的報告顯示，

前兩週銷售額增長了 25%。隨後，其他速食品牌也紛紛仿效，波士頓市場（Boston Market）、達美樂（Domino's）、肯德基（KFC）和星期五美式餐廳（T.G.I. Friday's）等，都開始推出五美元菜單選項。五美元成了魔法數字，但這並不是由焦點小組提出的，而是法蘭克爾根據對顧客的了解，知道他們面臨的生計困難所構思的。法蘭克爾的點子並不是為了滿足某種「需求」，沒人真的需要 Subway 的三明治，顧客只有一個簡單的願望，也就是讓他們的日子更好過一些，享用一頓物超所值的美味餐點。他們尋求的是價值，而法蘭克爾提供的正是這種價值。對多數公司來說，完全放棄市場調查可能不太明智，但偶爾打破公司既有的「流程」也是值得的，你會很高興這麼做，顧客也會更喜愛你。

透過桌遊，逐步建立自信

某次在漢普頓（Hamptons）度假，理查・泰特（Richard Tait）與妻子凱倫正和朋友玩最喜歡的畫圖猜字遊戲（Pictionary），泰特夫婦所向無敵，總是輕鬆擊敗對手。朋友們想要報仇，於是挑戰泰特夫婦玩一局拼字遊戲（Scrabble）。雖然拼字遊戲並不是泰特的強項，而他朋友在這方面是「魔鬼級」的高手，但泰特還是為最終的失敗感到自責。這次失敗並沒有帶來什麼「頓悟」時刻，反而讓泰特覺得自己在家人和朋友面前像個傻瓜。他在回西雅圖的飛機上，才突然靈機一動，心想：如果有一款遊戲，能讓所有玩家都有機會大放異采，展現自己的特長並受到讚揚，那該有多好啊？為了實現泰特的願景，這款遊戲必須包含表演挑戰、數據和常識問答挑戰、語言和文字謎題，以及創意活動。泰特拿起飛機上的餐巾紙，在上面草擬了構想，就在那一刻，「腦力大作戰」（Cranium）誕生了。

泰特對這個願景的強烈信念使他毅然決然離開微軟，成立自己的公司。泰特的父親問他：「我該怎麼跟朋友們解釋？」泰特回答說（他曾在CNBC節目中說過這段故事）：「告訴他們我聽從內心的呼喚，我要改變世界。」腦力大作戰成為歷史上銷量增長最快的桌遊之一，並在紐約的玩具博覽會上榮獲「年度遊戲」的殊榮，十年後，這款遊戲被美國大型遊戲公司兼玩具生產商孩之寶（Hasbro）以近八千萬美元的價格收購。

　　腦力大作戰能在競爭激烈的玩具市場中脫穎而出，是因為創始人並非只為了銷售產品，而是致力於實現夢想。泰特曾經是我的客戶，告訴我他從未打算創造一款桌遊，而是想要建立人們的自信心，讓每個人都能發揮自己的最佳潛能。我在為腦力大作戰的訊息平台提供諮詢服務時，我們決定以「人人都能大放異采」（Everyone Shines）作為公司的標語。這似乎完美總結了公司的核心理念，我很高興看到孩之寶保留了這句標語。泰特發明腦力大作戰時，從未問過潛在顧客對新玩具或遊戲的需求，而是創造了一款他自己也會享受的遊戲。他也知道，家人和朋友渴望更多的團聚時光，而每個人都希望在某方面「大放異采」。因此，他滿足了這些夢想，創造出能讓人團聚又能發揮自身獨特潛能的玩具、遊戲和書籍。腦力大作戰解放了人們內心的藝術家、歌手、拼字高手和天才。當你實現夢想時，成功就是必然的結果。

你的事業核心價值是？

　　如果你想創造真正創新的產品或服務，不妨自問：「我的事業核心價值是什麼？」正確的答案不一定顯而易見。我之前為了撰寫《全球頂尖商業溝通者的十大祕訣》（*10 Simple Secrets of the World's Greatest Business*

Communicators,暫譯),與星巴克創始人霍華・舒茲(Howard Schultz)進行訪談時,我驚訝地發現,他在我們對話當中很少提到咖啡一詞。舒茲解釋:「我們不是做咖啡生意的,咖啡是我們賣的產品,但並不是我們的核心價值。」[4]

星巴克不是在做咖啡生意,而是致力於銷售夢想,滿足渴望在工作和家庭之間擁有「第三空間」的顧客,以及渴望在職場上獲得尊嚴和尊重的員工。星巴克並非單純賣咖啡而成功;腦力大作戰也不是只賣遊戲產品,而是在銷售自信心。蘋果也不是在做電腦生意,而是在釋放個人創造力。能夠區分產品和夢想,是打造出能改變世界的創新產品和服務的關鍵所在。

對客戶需求感同身受

你的顧客並不在乎你,這聽起來很殘酷,卻是事實。他們並不關心你公司成功與否,也不在乎你的產品或服務,他們真正關心的是自己的夢想和目標。當然,如果你能幫助顧客實現目標,他們自然會更在乎你。因此,你必須了解顧客的目標、需求,以及內心深處的渴望。

社交媒體專家大衛・米爾曼・史考特(David Meerman Scott)建議設立目標顧客模型(buyer persona):「鎖定目標顧客是成功行銷的核心要素之一,這代表著一群特定的潛在顧客,是你希望透過行銷接觸到的理想對象。將行銷焦點對準目標顧客,能避免你坐在舒適的辦公室裡,憑空臆測產品相關內容,這正是大多數行銷策略失敗的根源。」[5]

根據史考特的說法,目標顧客模型必須針對潛在對象特徵量身打造。大學行政人員可能會想像學生或家長;政治人物會考慮典型的選民;而非營利機構的主管則會想到捐贈者。史考特表示:「只有當你真正了解自己

的產品和服務如何能解決目標顧客所面臨的市場問題時，才能將行銷內容從單純的產品導向、自我中心的無聊廢話，轉變成有價值的資訊，不僅能引起人們的興趣，還能幫助他們決定是否與你的組織合作。」[6]

你多了解自己的顧客？塑造具體、鮮明的目標顧客模型，讓你能「切身感受」他們的需求。當你做到此點時，就更能體現蘋果的企業精神。

分享更多故事

正如賈伯斯在 1997 年演講結束時所做的，你也應該想辦法提醒員工誰是核心客戶。其中一個有效的方法是分享故事。

創造腦力大作戰的泰特告訴我，他每天晚上睡前都會閱讀大約一百封顧客的郵件，他會將其中一些故事轉發給員工，讓他們在隔天早上能夠看到。例如，「有一位女士有四個親生孩子和三個養子，在結束了辛勞的一天後，她不是去好好休息、喝杯酒放鬆，而是在晚上十一點半寫信給我，感謝我們的遊戲讓她的家庭重新凝聚；這個家以前曾因不同年齡、種族和背景而彼此疏離。這位女性特地在晚上十一點半寫信感謝我創造了這些產品，你自己可曾寫過信給一家公司，感謝他們創造的某個產品？我不知道你是否有這樣的經驗，但我這輩子從來沒有做過這種事。我們公司的一個核心價值，就是讓顧客在每次互動中都感到愉悅。這些令人愉悅的時刻每天都在激勵我，也成為我激勵團隊的動力」[7]。

泰特進一步拓展故事分享的策略。他會將故事張貼在辦公室各處。電子郵件、信件和照片會被裱框或護貝，放在走廊、廚房的檯面上，甚至在大廳裡。這些故事讓員工看到他們對顧客生活所產生的影響，也激勵員工發展出自己的創意，最終轉化成深受顧客喜愛的新遊戲、書籍和玩具。

你團隊的每位成員都希望成為某個獨特事業的一部分。正如我們所討論過的，創新很少只靠個人的想法實現。將創意構想商業化需要團隊，這些團隊成員也需要不斷的激勵，來克服在過程中不可避免的挑戰。故事是強大的激勵工具，不妨分享更多故事吧。

本書的前三個致勝心法為創新發展奠定基礎，包括熱情、願景和激發創造力的過程。但創新不只是想法而已。創新發生在將想法轉化為實際的產品、服務、公司、計畫或行動，並推動社會進步。了解你的客戶，**真正洞察他們的需求**，包括他們的希望、夢想和目標，會讓你更可能將構想轉化為成功的產品。為了實現此點，你必須在客戶的瘋狂中看到天才。

▶▶ 創新要點

1 談到顧客時，重點並不在你，而是在他們身上。你的顧客在乎的是自己的夢想，而不是你。他們會問自己：「這個產品或服務如何能讓我的生活更美好？」不妨幫助他們實現夢想，然後等著看你的銷售額飆升吧。

2 做自己的焦點小組。沒有任何外部焦點小組會認同你的顛覆性創意構想。

3 傾聽顧客的意見倒不如**真正洞察顧客的需求**。對顧客體驗的每個細節保持「像素級」的執著關注。

致勝心法 5
拒絕繁雜瑣事

我對我們選擇不做的事,
和我們選擇去做的事感到一樣自豪。

——賈伯斯

第 10 章 >>
簡單是複雜的極致表現

我們的設計理念是力求在極簡中創造最大可能性。
人類天生能夠理解清晰的事物，因此我們致力於開發簡單的解決方案。

——艾夫，蘋果前傳奇設計師

一張簡單的二乘二表格，道盡了賈伯斯如何打造出深受人喜愛的創新產品。賈伯斯在 1998 年紐約 Macworld 博覽會的演講中，承認蘋果公司一年前曾面臨生死危機，也正在採取初步措施來重振。而他開出的解方之一是縮減蘋果的產品種類。賈伯斯接著提出具體策略：

> 我們一年前剛接手時，蘋果的產品平台多達十五個，各個平台還有無數的變體【投影片顯示令人眼花撩亂的產品型號，像是 1400、2400、3400 等數字】，連我自己都搞不清楚。三個星期後，我說：「連我們自己都不知道該推薦哪款產品給朋友，又怎麼向客戶推薦呢？」於是，我們回歸商業的基本原則，仔細思考：「客戶真正需要什麼？」結論是，他們只需要兩類產品，針對消費者和專業人士，而在這兩大類中，還各自需要桌上型與攜帶型機種。如果我們有四款優秀的產品，那就足夠

了。事實上，如果只有四款產品的話，每一款都能由最強的團隊負責，還能將產品更新週期從十八個月縮短到九個月，甚至能在推出第一代時，同步開發下一代。因此，我們的決定就是：專心打造四款卓越的產品。[1]

圖 10.1 重現賈伯斯在簡報投影片中展示的二乘二矩陣。他隨後在四個方格內填入 Power Mac G3（專業人士桌上型）、PowerBook G3（專業人士攜帶型）、iMac（消費者桌上型），並在消費者攜帶型的方格中填上一個問號，承諾這款產品會在隔年推出（蘋果於 1999 年推出了貝殼型 iBook）。到 1998 年底，賈伯斯將蘋果的總產品數量從三百五十款大幅削減至十款，按任何標準來看，這種精簡都相當驚人。

圖 10.1　1998 年 Macworld 博覽會上的簡報投影片：產品分類表[2]

	消費者	專業人士
桌上型		
攜帶型		

簡化產品線最終幫助蘋果起死回生，也帶來美國企業史上最輝煌的財務成就之一。透過簡化一切，從產品種類到設計理念，蘋果成功超越競爭

對手，打造出簡單易用的產品，令評論家驚豔，也為全球數百萬顧客帶來喜悅。

專注於真正重要之事

在蘋果的理念中，**簡單**（simplicity）與**專注**（focus）密不可分。2004年，《商業周刊》曾刊登一篇封面故事，標題為「蘋果創新的種子」。

記者問賈伯斯：「你如何將創新系統化？」賈伯斯表示：「我們的系統就是沒有系統，但這並不代表我們沒有流程，蘋果是非常有紀律的公司，我們有很完善的流程，但那不是關鍵所在。」隨後的回答中，我們了解到，他認為自己的責任是讓團隊專注於真正最重要的任務和產品。

> 流程能提升效率，但創新來自於人們在走廊上的閒聊，或是在晚上十點半彼此打電話分享新點子，或是因為突然意識到對某問題的思考方式存在漏洞。創新來自於臨時召開的六人會議，發起者認為自己剛剛想到一個超酷的新點子，想聽聽別人的看法。創新也來自於「拒絕」繁雜瑣事，以確保我們不會走錯方向或試圖做太多。我們總是在思考可以進入哪些新市場，但只有懂得拒絕，我們才能專注於真正重要的事情。[3]

賈伯斯對很多事情說「不」，即使這會惹怒一些顧客和合作夥伴。2001年4月，賈伯斯在蘋果網站上發表了一篇備忘錄，為他拒絕在iPod、iPhone和iPad上安裝Flash的決定辯護；他表示，替代產品提供了最佳機會可以創造穩定、先進又創新的行動計算平台。賈伯斯始終專注於顧客體

驗，對任何他認為會破壞優雅體驗的事物，都會堅決說「不」。這個原則在設計方面尤其明顯。

設計大師艾夫

為了理解專注力在蘋果創新中的重要性，我們需要花些時間來談論一位與賈伯斯有相同設計理念的人，自賈伯斯1997年回歸蘋果以來，他是負責蘋果多數創新設計的高層主管。

艾夫在蘋果的官方職稱是工業設計部門的資深副總裁，而他非正式的稱號是蘋果的設計大師，負責蘋果許多項設計創新，光是他的創意構想就足以寫成一本書。艾夫的重要性相當於蘋果早期歷史中沃茲尼克的角色，具體落實賈伯斯的願景。

賈伯斯離開蘋果十一年，在一九九〇年代末期重返時，艾夫已經在蘋果任職了。賈伯斯看中他的才華，將倫敦出生的艾夫提拔為蘋果工業設計部門的負責人。賈伯斯欣賞艾夫的特質是：對簡約的執著、具美感的設計理念，以及不懈的工作精神（艾夫經常每週工作七十小時）。

艾夫從第一次接觸Mac電腦時，就夢想著能在蘋果工作。他說自己很不喜歡看使用說明書，而Mac是第一台他可以不用看說明書就能立刻上手的電腦，艾夫回憶：「我還記得第一次看到蘋果產品的情景，我印象很深刻，一看到這個產品時，我就立刻感受到了設計師和製造人員的用心和理念。」[4]

這對艾夫來說是一次深刻的體驗，一個改變他人生的「震撼」時刻。如今，數百萬人享受蘋果產品的卓越設計，這一切要歸功於艾夫當時的反應。

艾夫在周遭的事物中汲取靈感，甚至連花園也能帶來啟發。他曾經提

過，2002 年的 iMac 及其獨特的可旋轉顯示器連接在不鏽鋼支架的設計，靈感來自向日葵。靈感無處不在，但艾夫的創意只有在簡單、易用這兩項標準都符合時，才會轉化為新產品。艾夫認為，多數產品的問題在於，製造這些產品的公司並沒有真正關心顧客的使用體驗。他說，當你真正關心時，產品就不會只是一堆零件的組合，每一個細節都會經過精雕細琢，最重要的是，如果某些元素沒必要存在，就會被去除。

1/4 磅的突破

2008 年 10 月，蘋果推出了新一代 MacBook 筆記型電腦。賈伯斯邀請艾夫上台，說明這款筆電嶄新的製造過程，使蘋果得以打造出更輕巧、更堅固的筆記型電腦，隨後艾夫簡短介紹了蘋果的設計理念與專注的成果。

艾夫告訴觀眾，蘋果全新的「鋁合金一體成型外殼」去除了 60% 的主要結構零組件，減少零組件數量自然能讓電腦變得更輕薄，而出乎意料的是，這麼做反而使電腦變得更加堅固、穩定，艾夫說：「這是我們在設計和製造筆記型電腦方面的重大突破。」[5]

在 2008 年之前，MacBook 是由多個零組件組裝而成的。艾夫指出，這種製程讓蘋果能在尺寸和重量上打造出業界最頂尖的電腦，但蘋果一直在尋找筆記型電腦的新製造方式，他們透過排除法找到了答案。艾夫解釋：「我們不再從一片薄鋁開始，再逐步添加多個內部結構零組件，而是發現如果利用一塊厚鋁，實際去除材料來創造結構中的機械特徵，就能夠製造出更輕、也更堅固的零組件。我們從一塊重達 2.5 磅的優質鋁材開始，最終製成非常精確的零組件，重量僅為 1/4 磅（約一百一十四公克）。既輕巧又強韌。」[6]

讓設計融於無形

蘋果精雕細琢每一個細節，最終力求減少或消除一切複雜性。如果某個元素沒必要，就不會存在。「對於像 iPhone 這樣的產品，我們的工作重點似乎就是讓設計融於無形，讓人感覺幾乎自然而然，看不出刻意設計的痕跡，甚至讓他們覺得產品理所當然就是這樣，還會有其他可能嗎？」[7]

在談到 MacBook Air 超薄的設計時，艾夫表示：「在產品設計中，必須有清楚的層次感，分辨出什麼是重要、次要，去掉那些會分散注意力的元素而突顯重點。比方說，指示燈在有實際功能作用時才有價值，如果沒有任何指示作用，就不應該存在【MacBook 在使用中時，休眠指示燈會自動消失】。我們投入了大量時間讓它不那麼顯眼、更難察覺……這是不是有點過於執著了？」[8] 是的，艾夫確實聽起來有點誇張，尤其是對一個小小的指示燈都這麼講究。很少公司抱持這種執著精神，而最終受惠的是蘋果的用戶。

在接受英國媒體《觀察家報》(*The Observer*)的採訪時，艾夫向記者展示了他的筆記本，裡面記錄了他為第一代 iPod 設計的各種可能選項，包括旋鈕、槓桿和按鍵等操作方式，還包括團隊最終選擇的滾輪設計，使 iPod 在外觀與功能上都顯得創新。記者雪柔・加勒特（Sheryl Garratt）寫道：「蘋果產品的每一個細節都經過深思熟慮、探索、改進，而且設計得盡可能簡單俐落。」[9]

根據加勒特的說法，iPod 代表一次重大的創新突破，徹底改變了整個產品類別：「市面上其他音樂播放器大多設計凌亂、充滿按鍵和旋鈕與看似複雜的塑膠製品，主要吸引熱衷於科技、願意花時間摸索如何操作的極客（geek）。相比之下，iPod 是時尚的數位音樂播放器，讓你輕巧地掌握

在手中，一開始就能容納一千首歌，而且透過優雅的滾輪就能輕鬆找到歌曲。如果你對音樂稍微有興趣，一旦體驗到 iPod 多麼簡單易用，你一定會想要擁有一台，iPod 改變了一切。」[10]

在 iPod 推出兩年後，《紐約時報》的記者羅伯・沃克（Rob Walker）撰寫了一篇文章，向艾夫提出一系列有關 iPod 設計的問題。在訪談過程中，艾夫的話語突然停頓、稍微思考之後說：「要談論 iPod 的設計，不如從它『沒有什麼』開始說起，或許更容易一些。」[11]

艾夫解釋，賈伯斯的願景是打造一款「專注」的產品，「重點是要避免在裝置上添加太多功能，這樣會讓產品變複雜，因而導致失敗。這些功能設計並不明顯或顯眼，因為關鍵是去除不必要的東西」。艾夫告訴沃茲尼克：「有趣的是，這種毫不掩飾的極簡設計方式，意外造就了與眾不同的產品。然而，與眾不同並不是設計的目標，其實要創造不同的東西很容易，真正令人興奮的是我們開始意識到，產品的與眾不同其實是追求極簡的結果。」[12] 蘋果並不是第一個開發出能播放下載音樂裝置的公司，但蘋果在打造裝置如此簡單俐落、沒有繁瑣細節、讓使用者感到愉悅的裝置上，遠遠領先於競爭對手。

艾夫對 iPod 的設計宗旨在於讓消費者專注於裝置的主要用途，也就是享受音樂。任何會干擾這個目標的元素，都沒出現在最終的產品中。過多的按鈕肯定會讓用戶無法專心享受音樂。即便是原始 iPod 的顏色，也選擇最能減少干擾的白色。採用單純、極簡的設計，加上極為中性的顏色，

「插上電源，嗡嗡嗡，搞定！」

──賈伯斯，談 iPod 的簡約設計

讓 iPod 顯得獨具特色，最終令人讚嘆不已。

史蒂文・李維（Steven Levy）2006 年出版的《極致之選：iPod 如何重塑商業、文化與時尚》(*The Perfect Thing: How the iPod Shuffles Commerce, Culture, and Coolness*，暫譯) 提到，消費者身邊圍繞著各種產品，爭相吸引他們的注意力。設計師往往誤以為增加更多功能能使產品脫穎而出，殊不知功能過多，產品反倒變得平淡無奇。這聽起來似乎違反直覺，但事實上，精簡設計才能讓產品更引人注目、簡約帶來優雅，而優雅本身就極具吸引力。像艾夫這樣的設計大師能夠透過**適當地刪減**來激發人們的想像力。艾夫表示：

> 音樂本身的重要性遠超過設計，因此我們的目標是讓設計化為無形。回想過去二十年來，已經有多少類似的數位產品了，我們希望創造一個真正全新的產品！這是極具挑戰性的目標，不讓產品淪為另一個平庸的數位小裝置。原本的目標並不包括讓這個產品在二十英尺外能一眼就被認出，卻產生了這種結果，這並非刻意追求而來，而是更重要的設計目標導致，也就是打造一款高效、優雅、簡約的產品。就某種意義而言，其實就是做到讓設計融於無形。[13]

賈伯斯在討論 iPod 設計時，告訴李維：「簡單是複雜的極致表現。」[14] 然而，他也特別強調，簡約所代表的不僅只是去除冗餘雜物，而是專注於產品的核心價值。賈伯斯說：

> 你剛開始思考問題時，可能覺得很簡單，也很容易找到解

決方案，這代表你還沒真正理解問題的複雜性，你提出的辦法過於簡化，無法解決問題。等到你進一步探索後，才意識到問題遠比想像中困難，於是開始提出各種錯綜複雜的解決方案。這屬於中間路線，而這些方案短期內似乎有效，多數人會停在這裡。然而，真正優秀的人會繼續堅持，找出問題的核心所在，並提出完美、優雅又有效的解決方案。[15]

多數公司會採取賈伯斯描述的「中間」路線，為複雜的問題找到令人困惑的解決方案。而真正卓越的公司則是專注於產品的核心功能，設計出簡單、優雅的解決方案，以執行這項具體任務。

顛覆性產品

2007 年 1 月 9 日，賈伯斯宣布推出全球最創新的手機：iPhone，這款裝置重新定義了手機的功能，極簡的設計震撼了業界和消費者。當其他智慧型手機製造商不斷增加更多按鍵和功能時，蘋果卻反其道而行，推出比競爭對手功能更強大、設計更簡潔的手機（只有一個按鈕和一個大螢幕）；在智慧型手機領域中，沒人見過如此簡單的設計。許多 iPhone 的評測中，幾乎都能看到這兩個形容詞：**簡單、清爽俐落**。在接下來的幾年裡，競爭對手也陸續推出自家的觸控螢幕，但他們的使用者介面很少獲得這種讚譽，有些產品被形容為「繁瑣複雜」，或最多被認為「還算簡單」，而很少有產品能達到 iPhone 的簡潔設計。

談到簡單、清爽俐落的介面設計，蘋果可說是無人能及。競爭對手試圖模仿蘋果的簡潔設計，但往往無法達到那種效果。對賈伯斯來說，設

計不僅只是外觀，還包括產品運作方式。用戶體驗必須是簡單、優雅且易於操作的。科技分析師奧姆・馬利克（Om Malik）指出：「卓越的設計讓使用者只要一眼看過，就知道該如何操作某個旋鈕或按鍵，根本不需要思考。我認為這正是蘋果的競爭對手始終無法理解之處，許多人誤以為靠產品功能（即規格與速度）就能打動顧客，卻忽略了最重要的用戶體驗。」[16]

賈伯斯在主題演講中揭示新款 iPhone 之前，先花了幾分鐘解釋蘋果為什麼要進軍手機市場，以及蘋果的設計理念如何造就出比競爭對手更強大、更優雅的手機。

> 最先進的手機稱為智慧型手機，通常結合了電話、電子郵件和簡單的網路功能。但問題是，這些手機既不夠聰明，也不太好用。雖然智慧型手機確實比一般手機稍微更聰明，但在實際操作上反而更麻煩，功能相當複雜，連一些最基本的東西，都搞不太清楚該怎麼用。我們希望打造一款顛覆性的產品，遠比任何現有的行動裝置都更聰明，又非常容易上手，這款產品就是 iPhone。[17]

想要打造一款「非常容易上手」的產品，蘋果就必須徹底顛覆使用者與手機的互動方式。

> 我們會從一個全新突破的使用者介面開始。為什麼？這裡有四款智慧型手機，都是大家熟悉的機種【投影片顯示 Motorola Q、BlackBerry、Palm Treo 和 Nokia E62 的照片】。這些手機的使用者介面有什麼問題？問題就出在手機底部這個區域。不管你

需不需要，這些鍵盤都在那裡，而且所有控制鍵的設置都是固定的，對任何應用程式都一樣。然而，每個應用程式都希望有不同的介面、一組針對其需求設計的按鍵配置。我們的計畫是移除所有按鍵，只留下一個超大螢幕。」[18]

《探索優雅》（*In Pursuit of Elegance*，暫譯）作者馬修・麥伊（Matthew May）表示，最好的創意往往缺少了什麼，而這種缺失反而能帶來更優雅的解決方案。麥伊並不認為所有簡單的東西都優雅，但他強調所有優雅的設計必然是簡單的，iPhone 也不例外。麥伊表示：「根據各方的評價，iPhone 是一件美麗的藝術品，極具吸引力，令人無法抗拒，但真正讓他們感到驚喜、甚至震撼的，是他們沒有看到的部分⋯⋯賈伯斯先移除了所有手機都有的關鍵特徵，也就是實體鍵盤。事實上，iPhone 沒有滾輪、沒有觸控筆，也沒有鍵盤可以用來撥號、點擊或滑動，只有一個主頁按鈕。即使按照蘋果一向崇尚的簡潔與美學線條設計標準來看，這款 iPhone 算是前所未有的極簡設計了。」[19]

根據蘋果 2010 年 1 月至 3 月的季度財報，iPhone 單季營收突破五十五億美元。五十五億！自 2007 年以來，iPhone 的總銷量已經達到五千一百萬台。簡單就賣得好。

即使你從來沒買過蘋果產品，對別家品牌的裝置也都非常滿意，但要批評蘋果產品（iMac、MacBook、iPod、iPhone、iPad）設計混亂難解，恐怕也很難站得住腳。事實正好相反，蘋果減少了複雜性，使這些產品變得盡可能簡單，又容易上手。

蘋果打破了軟體升級的既定模式

蘋果於 2009 年 8 月 28 日推出的 Mac OS X Snow Leopard，是 Unix 操作系統的第七個重大版本。《紐約時報》電腦專欄作家大衛·波格（David Pogue）稱它為「一種奇特的存在」，原因如下：

> 首先，這和個人電腦誕生以來就存在的「軟體升級法則」有關。這條法則說：「如果每年不增加新功能，就沒人升級，就賺不到錢。」因此，為了讓用戶持續升級，全球軟體公司都會在每次推出的新版本中堆砌更多功能。不過，這種做法不可能永無止境，遲早，軟體程式會變得過於龐大、複雜，而且混亂無序。而 Snow Leopard 驚人之處在於，增加新功能並不是重點。事實上，賈伯斯曾說過，「我們要暫停新增功能」。Snow Leopard 的主要目的反而是針對蘋果前一版 Mac OS X Leopard（10.5）已經很出色的作業系統進行優化。[20]

波格表示，這種系統優化讓電腦體驗在許多方面都有所提升，包括速度更快、更穩定和更有組織的系統。優化之後帶來了比前一個版本 Mac OS X 更精簡的操作系統，Snow Leopard 釋放了 6GB 的硬碟空間。蘋果再次證明了，簡化複雜性能打造出更強大穩健的系統。

簡單到兩歲小孩都能上手

當你能做出一款優雅到讓成年人愛不釋手，又簡單到連孩子也能輕易

上手的裝置時，就知道自己走對了方向，蘋果是少數幾家能夠自豪宣稱達成這項成就的公司之一。2010 年 4 月 iPad 推出後不久，部落客陶德・勒平（Todd Lappin）將 iPad 交給他兩歲半的女兒，並將影片上傳到 YouTube，隨後在網路上迅速爆紅，也為創新產品的設計帶來了啟發。

幾秒鐘之內，小女孩立刻上手了。由於用手指操控事物是人天生的本能，這孩子開始在平板上滑動圖示，點擊電影圖標，甚至還放大了螢幕。勒平表示女兒以前曾玩過自己的 iPhone，所以稍微接觸過觸控螢幕，但考慮到這是她第一次碰新產品，能夠這麼輕鬆地操作，實在令人驚訝。

勒平觀察到：「iPad 的精妙之處在於，連一個還不識字的兩歲半幼童也能直覺操作。觸控介面對她來說，就像簡單的手勢一樣自然，而導覽模式也經過精簡，消除了所有複雜性。理論上，蘋果也可以為用戶提供更複雜、更高階的功能，滿足一些專業用戶的渴望。但不管怎樣，蘋果這幾年的崛起，從 iPod 開始，到後來的 iPhone，都證明了簡單的設計是最好的賣點，能夠吸引到大眾消費者。」[21]

勒平分享他女兒使用 iPad 的影片後，不到二十四小時，點閱次數就突破十八萬次。一個月內，累積觀看次數更是逼近百萬。

安迪・伊赫納科（Andy Ihnatko）在《芝加哥太陽報》（*Chicago Sun-Times*）評論中指出，iPad 的設計與市面上其他平板電腦大不相同，其他品牌

「根據我的經驗，當事物清楚又易於理解時，用戶會有正面的反應……如今令我深感困擾的是，許多事物的生產和上市過程都太過隨意、缺乏深思熟慮，不只是在消費品領域，還包括建築和廣告，到處都充斥著不必要的東西。」[22]

——迪特・拉姆斯（Dieter Rams），工業設計師

都堆砌了一大堆功能。伊赫納科認為，增加功能很容易，卻會讓系統變得不穩定，讓用戶感到困惑。蘋果則再次反其道而行，刪減了不必要的功能選項，打造出簡單又優雅的產品。他寫道：「當電腦設計師拋開根深柢固的思維，從頭開始打造產品時，會發生什麼事呢？結果就是創造出 iPad。」[23]

才二十八天，還不到一個月，蘋果 iPad 的銷量就突破了一百萬台，iPad 的介面簡潔、優雅，又容易操作，對成人和兩歲半的孩子都有無法抗拒的吸引力。

一切都變得簡單至極

蘋果前行銷高層史蒂夫・查辛（Steve Chazin）表示，蘋果的成功祕訣源於「專注」，他定義為：找到公司能做到最完美、無人能及的一件事。查辛表示：「iPod 讓隨身帶著音樂變得簡單至極；iMac 也讓上網變得簡單至極；而 iPhone 則是讓人能隨時上網、打電話、看電影和聽音樂等，一切都變得簡單至極。」[24]

查辛指出，蘋果從未發明全新的東西，個人電腦、MP3 播放器、數位音樂下載、手機或平板電腦都不是蘋果的創舉。然而，創新並不僅限於打造前所未見的產品，蘋果最大的強項反而在於：將複雜的事物變簡單而優雅，也因此成為全球最具創新能力的企業。

被問及蘋果的創新祕訣時，蘋果執行長庫克將功勞歸於賈伯斯的遠見及其對重點事務的執著堅持。在 2010 年月高盛科技大會（Goldman Sachs Technology Conference）廣泛的討論中，庫克闡述了蘋果奉行的哲學：

蘋果是我所見過最專注的公司，我們每天都在拒絕好點

子，甚至對一些極具潛力的創意說「不」，只為了確保我們能夠全心全意投入少數真正重要的產品。今天你們眼前的這張桌子，可能就足以擺下蘋果所有的產品，但光憑這些產品，蘋果去年的營收就達到了四百億美元，我想，世上能做到這點的，恐怕也只有石油公司了。這不僅僅是選對產品，更是要懂得果斷放棄那些雖然不錯、但還不夠卓越的創意選項。[25]

庫克還提出了耐人尋味的見解，將「自大」與「複雜性」劃上等號。他認為，成功的企業若一心只想追求規模成長時，往往會變得目空一切。庫克強調：「我向你們保證，蘋果的管理團隊絕不會讓這種事情發生，這不符合我們的核心理念。」

網站上寥寥數語，卻道盡一切

蘋果對簡約的極致追求也體現在官方網站。iPad 開始販售時，成為蘋果首頁上唯一的焦點產品。網頁上三分之二的畫面都是 iPad 的照片，旁邊簡單寫著「iPad 登場」。這是蘋果網站的一貫策略，將其他產品從首頁撤下，讓新品成為唯一焦點。你可以親自驗證，在蘋果推出新產品時，造訪官網，你會發現一切都清空了，整個網站都「聚焦」於新品上市，使蘋果

「以數位方式思考，以類比方式行動。利用手邊所有的數位工具來創造出色的產品和服務。但永遠不要忘記，創新真正的目的並不在於打造酷炫的產品和技術，而是讓人快樂。讓人快樂是明確的人本目標。」

——蓋伊・川崎，前蘋果員工

官網成為企業界中最純淨、最簡潔，也最優雅的網站之一。蘋果的祕訣在於刪減的藝術，而非增加。

2010 年 3 月 18 日，前蘋果公司董事會的資深成員傑羅姆・約克（Jerome York）辭世。當天，蘋果官網撤下所有產品圖片，只留下一張約克的照片，附上一段簡短的悼詞：「我們懷著無比沉痛的心情，悼念蘋果大家庭成員和摯友傑瑞・約克。1997 年，在蘋果前途未卜之際，傑瑞勇敢地加入了蘋果董事會，以其非凡的人格魅力、商業智慧與領導力，陪伴蘋果度過十多年的艱難時期……」

我記得看到蘋果網站的變更時，有片刻的驚訝，想必許多顧客也有同樣的感受。雖然網站上方的導覽鈕還在，但首頁唯一的內容就是這則悼念訊息，這不僅展現了蘋果的格調，也再次彰顯聚焦與簡約的力量。蘋果並沒有像多數公司，選擇在首頁或新聞專區**新增**這種訊息，而是**移除**了其他內容。抽象表現主義畫家漢斯・霍夫曼（Hans Hofmann）曾說：「簡化的藝術，在於去除無關緊要的部分，讓真正重要的內容自然顯現。」蘋果無論是在產品設計，還是網站呈現上，都透過消除干擾、雜亂冗餘的資訊，讓真正重要的內容自然顯現。

拋開一切無用的累贅

2010 年 4 月 21 日，《快公司》（Fast Company）雜誌主辦一場名為「創

「賈伯斯行事風格的與眾不同之處在於，他始終相信，最重要的決策不是你做了什麼，而是你選擇不去做的事情。」[26]

——約翰・史考利，前蘋果執行長

新百無禁忌」（Innovation Uncensored）的研討會，時任耐吉公司（Nike）總裁兼執行長馬克・帕克（Mark Parker）* 是其中一位主講嘉賓。帕克談到他剛接任執行長不久後，接到賈伯斯來電的故事。

「你有什麼建議嗎？」帕克問賈伯斯。

「嗯，只有一點，」賈伯斯回答：「耐吉確實生產了一些世界上最棒、讓人渴望擁有的產品，真的很出色、非常吸引人。但是，你們也有很多不怎麼樣的產品，把那些差勁的東西淘汰掉，專心推出優質的產品吧。」

帕克告訴聽眾：「我原本預期大家會沉默片刻，接著會笑出來，結果確實沉默了一會兒，卻沒人笑，賈伯斯說得很對，我們必須學會剪輯（edit）。」[27]

帕克所謂的**剪輯**，並非指設計，而是指在做商業決策時的取捨精簡。專注不僅能帶來出色的設計，同時也能促成明智的商業決策。庫克曾評論，商學院教的傳統管理哲學是透過多元化產品來降低風險，而蘋果則秉持完全相反的理念。蘋果的策略是將資源集中在少數幾款產品，並致力於將這些產品做到極致。

賈伯斯在 2008 年接受《財星》雜誌採訪時表示：「蘋果是一家市值三百億美元的公司，但我們的主要產品還不到三十款。我不知道還有哪家公司曾經做到這一點。」他隨後補充：

> 過去大型消費電子公司通常都會推出數千款產品，而我們傾向更加專注於少數。人們常以為專注只是全力投入某件事，

---

* 編按：帕克於 2020 年 1 月卸下執行長職位，繼續擔任執行董事長一職。現任執行長為艾略特・希爾（Elliott Hill）。

但事實並非如此，真正的專注是果斷拒絕其他無數的好點子，而這需要你謹慎地選擇。對於許多我們選擇不去做的事，我其實感到同樣自豪，它們並不亞於我們所完成的事。最明顯的例子是，蘋果多年來一直受到市場壓力，要求我們開發 PDA（個人數位助理），我某天突然意識到，90% 的 PDA 用戶都只是外出時用來查看資訊，而非輸入資料。不久後，手機就能取代這個功能，PDA 市場將會大幅萎縮，無法繼續生存。因此，我們決定不進軍這個市場。如果我們當初選擇進入，恐怕不會有足夠的資源去開發 iPod，甚至可能錯過這個重大機會。[28]

蘋果早期的主要投資人馬庫拉給蘋果員工發了一封備忘錄，說明了他的行銷策略。在這封備忘錄中，他強調專注的重要性。馬庫拉寫道：「要做好我們決定去做的事，就必須排除所有不重要的機會，從剩下的選項中挑選出我們有足夠資源做好的事，並全力以赴。」[29]

在產品設計和商業策略中，減法往往能增加價值。馬修・麥伊（Matthew May）指出：「無論是產品、表現、市場，還是組織，我們對增添的執著常常造成不一致、過度負荷或浪費，有時甚至三者兼具。」[30] 飛行員安東尼・聖修伯里（Antoine de Saint-Exupéry）的名言：「當設計師認為達到完美時，不是沒有東西可再增添，而是已經達到無可刪除的境界。」似乎道出了蘋果的核心理念。

讓我們回到之前提出的問題：有無任何公司能像蘋果般創新？答案還是否定的。雖然每個人都能學習蘋果創新的原則，但創新需要勇氣，而勇氣並非人人都有。蘋果所做的每一個創新決策，都需要勇氣，例如：賈伯斯 1998 年將蘋果產品數量從三百五十減少到十個；蘋果開發 iPhone，將

智慧型手機上的鍵盤移除，換上大螢幕；在開發 Snow Leopard 時，為了提高穩定性和可靠性，刪除了操作系統代碼；賈伯斯在簡報時，經常刪除投影片上的所有文字，只保留關鍵字；蘋果的網站首頁只展示一款產品；每年推出的新品數量遠少於競爭對手每月推出的數量；賈伯斯在 2010 年 4 月堅定地逆風表態 Adobe Flash 不適合當時行動設備時代；蘋果也敢於推出簡單到連孩子都能上手的產品。這一切全都需要極大的勇氣。

你有勇氣簡化一切事物嗎？賈伯斯有，而這正是他成功的關鍵。

>> **創新要點**

1 你是否常感到分身乏術？不妨專注於自己擅長的領域，其他事情交給別人處理吧。

2 將「三點法則」（第 245、254 頁）運用在待辦事項清單上，把大部分時間集中在今天能夠讓公司進步的三件事上。

3 開始學習「拒絕」繁雜瑣事，會讓你感到極大的自由！

第 11 章

換個角度，思考設計

> 偉大的藝術作品不只是看最終呈現的內容，
> 同樣重要的還有其中被刻意省略的部分。
>
> ——詹姆・柯林斯（Jim Collins），暢銷商管書作者

　　創新需要勇氣，尤其是當你決定去除雜亂，專注於簡單而優雅的設計時，更是如此。2007 年，Pure Digital 公司的設計師勇敢提出創新構想，決心打造世界上最簡單的錄影機，最終為停滯不前的錄像攝影機市場注入了新活力。掌上型攝影機 Flip 一推出，立刻成為亞馬遜網站上最暢銷的產品。三年後，依然穩居榜首，在十大暢銷數位攝影機中就占了六款（黑色款名列第一，白色款緊隨其後）。僅僅三年，這款因設計簡單而被人視為「玩具」的產品，後來已占據錄影機零售市場 36% 的銷售份額！[1]

　　批評者曾質疑 Flip 產品太過簡單，絕不可能成功，然而，Flip 設計師知道自己的方向，深受蘋果產品的啟發，也內化了蘋果的理念，打造出一款超級簡單、易用的產品。Flip 的成功非常驚人，在推出前，錄像攝影機市場已沉寂了好幾年，鮮少有公司在這個領域進行創新，而 Flip 改變了這一切。從 2008 到 2009 年，市場成長了 35%，其中 90% 的增長來自 Flip 產品！Flip 的批評者為什麼判斷失誤呢？因為他們沒有像賈伯斯般思考。

Flip 攝影機的魔力

2009 年，思科系統（Cisco Systems）收購了生產 Flip 的公司 Pure Digital。我為「彭博商業周刊」網站，撰寫了相關報導，因而有機會接觸到產品的開發團隊。我發現，多數消費電子產品都是由工程師設計，結果就是堆砌功能，加入許多使用者根本不需要或不會用的花俏功能。而 Flip 的設計師則採取完全相反的策略，他們的設計理念是，在每一個與消費者接觸的環節（無論是包裝、產品本身或網站）都必須保持簡單、優雅且專注。接下來將介紹 Flip 四項類似蘋果的設計原則，正是這些原則幫助 Flip 贏得了消費者的青睞。

遵循三十秒原則

Flip 的設計師有一個測試標準：每當他們完成原型交給使用者時，對方必須能夠在開機後三十秒內就開始操作。正如蘋果的艾夫不喜歡使用說明書，Flip 的設計師也不喜歡，他們希望客戶能夠不用看任何說明書，在三十秒內就知道產品的操作方式。

「三十秒原則」主導了 Flip 多項設計決策。設計師避免添加過多功能，而是將按鈕簡化為四個：開關、錄製、回放和刪除。為了保持簡單的使用體驗，所有操作需要的功能都內建在裝置中（包括可彈出的 USB 接頭，方便連接到電腦）。這樣的設計使相機能夠省去安裝光碟和連接線，使用者所需的一切都已包含在相機內。前思科消費產品部門的資深行銷總監西蒙・弗萊明－伍德（Simon Fleming-Wood）表示：「我們的競爭對手還不斷在自家產品中塞入更多功能，雖然我們也會受到這種誘惑，但不會這麼做。我們的關注焦點是用戶體驗，而數位相機市場傳統的競爭廠商卻

只在乎像素和功能。我很慶幸他們這麼做，因為這使他們錯過了 Flip 的魔力。」[2]

提供簡單的包裝和使用說明

Flip 精簡的設計包裝顯得與眾不同，Flip 設計師刻意不在包裝上列出技術規格。弗萊明－伍德告訴我：「我們希望人們忘記技術，專心享受體驗。」拆開包裝後，你會發現 Flip 省去了厚重的使用說明書，傳統的使用手冊往往讓人望而生畏，尤其多數消費者其實不會用到攝影機或數位相機的進階功能。Flip 的設計團隊對於是否應該隨產品附上任何指南（無論精簡還是詳細）感到猶豫，他們甚至曾經考慮過完全不附使用說明書。最終，雖然產品的設計理念是根本不需要手冊就能操作，他們還是決定附上一份簡短的「快速入門指南」，好讓消費者安心。重點在於確保每個設計元素都簡單易懂，讓人毫無負擔。

你或許早已猜到，Flip 的設計師受到了蘋果包裝風格的啟發。蘋果產品包裝之所以創新，是因為簡潔、時尚且易於使用。蘋果對簡化用戶體驗的執著也延伸到了包裝設計。以 MacBook Pro 為例，包裝盒上沒有雜亂的產品圖片或功能介紹，正面是金屬筆電側視圖、純白色的背景和簡潔的「MacBook Pro」字樣。打開盒子時，首先映入眼簾的，不是各種零組件與周邊配備，而是筆電上經典的蘋果標誌（這個標誌本身也極具創意。賈伯斯希望用咬了一口的彩色蘋果，讓公司顯得更具親和力。這個六色標誌一直沿用到一九九〇年代末期，蘋果才換成更現代的純白簡約版本）。包裝內的第二層是一個黑色文件夾，內含使用說明書。第三層則是兩個簡單的收納格，分別裝著電源轉接器和 AC 電源線。包裝的每個細節都經過精心設計，確保顧客能立刻完成產品設定並開始使用。所有蘋果產品都採用類

似的包裝設計。打開 iPhone 的包裝盒，首先映入眼簾的是手機螢幕，翻開下一層是用戶手冊，第三層則是三個小收納格，分別放置耳機、USB 同步線和小型 AC 電源轉接器。

製作蘋果產品的包裝盒並不容易，成本也不低。顯然，蘋果對於打造簡單的用戶體驗非常執著，甚至延伸到包裝層面。2010 年初，我參觀了位於加州莫德斯托（Modesto）的一家包裝盒製造廠，為製造業高層演講。這家公司專門設計與生產用於藥品、食品和科技產品的包裝盒。工廠經理告訴我，蘋果是他們最嚴格的客戶，任何細節都不容輕忽，顧客在開箱蘋果產品的過程中，必須獲得愉快的體驗，這代表包裝盒的顏色、外觀、質感、提把、材質和內部隔層等所有設計，都必須在拆封過程的每個環節帶來簡單且令人滿意的體驗。

對某些人來說，拆封蘋果產品非常令人興奮，使他們忍不住在鏡頭前開箱並將影片上傳至 YouTube。網路上真的有無數的影片顯示顧客分享 MacBook、iPod、iPhone 和 iPad 的開箱過程，他們幾乎無法掩飾自己的激動。沒錯，這種 YouTube 風潮確實有點奇特，然而，當人們愛上你產品的每一個細節時，這麼做是可以預期的結果。

設計簡潔的網站

Flip 的網站上沒有令訪客眼花撩亂的產品，而只會看到兩種攝影機：Ultra 和 Mino。網站的首頁非常簡潔，標籤選項也僅限於產品介紹、購買地點、媒體報導和客服支援。遵循 Flip 的簡單溝通原則，消費者在進入網站後，應該能夠在三十秒內輕鬆找到所需的資訊。

在這方面，Flip 的設計師或許再度效法蘋果公司。蘋果的設計美學延伸至每一個顧客接觸環節，從產品本身到包裝，再到網站。2010 年 6 月，

蘋果推出了新一代的 iPhone：iPhone 4。進入蘋果首頁的訪客立刻會看到新款 iPhone 的照片，搭配醒目的標語：「iPhone 4 再一次，改變一切」。蘋果的網站與產品包裝的簡約風格如出一轍。顧客進入網站時，首先看到的是主打的產品，隨後是層次分明的內容。比方說，點擊 iPhone 圖片後，網站會引導你進入更詳細、但設計依然簡潔的產品頁面。子頁面突顯這款新手機的四大功能：視訊通話、高解析度顯示、多工處理能力和高畫質錄影。網站沒有將所有產品資訊塞滿整個頁面，而是簡短地描述每一項功能，若你想進一步了解某項功能，可以點擊相關連結，以查看更詳細的資料。重點在於精簡頁面，避免過多雜亂的資訊。多數設計師習慣將所有資訊擠在同一頁，通常在首頁，顧客一旦感到困惑，可能就離開了。而蘋果從不讓顧客迷失方向，也很少流失他們。

傳達簡單明瞭的簡報

2007 年，弗萊明－伍德向零售商推銷新款錄影機時，有一半的時間都花在一張非常簡單的投影片上。他請大家「重新想像」這個產品類別。投影片上有兩台攝影機的照片：一台是傳統錄影機，另一台則是 Flip。傳統錄影機下方標示「僅限特殊場合」，而 Flip 下方則標示「適用於日常一切」。這張投影片完美詮釋了 Flip 的理念，展現創始人對這個產品類別的願景。他們相信，Flip 將徹底顛覆錄影機市場，就如同傻瓜相機的普及，顛覆了原本被高階單眼相機主導的市場一樣。推動這款攝影機的設計理念，也體現在整場簡報設計中，如果在投影片上加入過多數據，就像是在攝影機上添加過多功能一樣，會分散焦點，而整個簡報重點在於呈現大方向。

曾為蘋果設計過產品的法國知名設計師史塔克曾表示：「美麗」和「時尚潮流」的標準被過度吹捧了，設計師應該追求的是「優質」。以 Flip 攝

影機為例，我們可以理解史塔克的意思。Flip 創始人從沒想過要創造一台「美麗」卻不易使用的裝置，或是添加會讓產品變得更複雜的「時尚」新功能。他們的目標是打造一款既簡單又有趣的優質產品。這些創業者設計的核心原則是「優質」遠比「時尚潮流」更為重要，結果反而因此打造出這個領域近年來最流行的創新產品之一。雖然 Flip 攝影機最終被蘋果的創新產品 iPhone 所取代，但 Flip 早期成功的經驗再次證明了賈伯斯「簡單至上」的理念。

機器人，去幫我拿牙膏

如果你在 Gap、Zappos 或 Staples 等零售商網站上購買衣服、鞋子或辦公用品，購物體驗通常僅限於網站瀏覽或與客服代表的對話，幾天後，商品就會送到家門口。但在你網購過程的背後，有一連串複雜的物流作業正在美國各地的倉儲配送中心進行。如果你親自參觀這些物流配送中心，就會看到數千台橘色的自動機器人來回穿梭，忙碌地搬動各種貨架、箱子和消費品，將這些商品運送給最終負責包裝的員工，然後再將包裹寄出，送達消費者家門。這些機器人是倉儲物流自動化公司 Kiva Systems 創辦人兼前執行長麥克・蒙茨（Mick Mountz）* 的創意結晶，他曾在蘋果任職，並接受了我的專訪。蒙茨從賈伯斯身上學到了許多簡化複雜流程的經驗，這些啟發幫助他打造出一支創新的機器人軍團，徹底革新了美國物流配送中心的運作方式。

---

* 編按：2012 年，亞馬遜以 7.75 億美元收購 Kiva Systems；時任執行長為 Vishal Ghotge。

蒙茨和賈伯斯一樣，在創業初期並未進行傳統的焦點小組市調，同時也對自己的客戶需求瞭如指掌，深知他們的痛點，也**感同身受**。在網路蓬勃發展時期，蒙茨曾在網路超市 Webvan 工作，遇到了所謂的「揀貨、包裝和出貨」的業務難題。當時配送中心的員工接到購買綠色和藍色牙刷和一條牙膏的訂單後，需要親自走到倉庫的不同區域，取出商品，然後再包裝，這樣的流程極其低效。蒙茨有願景，希望能簡化倉儲配送流程，以提升工作效率。

　　正如第二項致勝心法所示，願景是推動創新的關鍵。蒙茨的願景並非開發機器人。事實上，機器人只是最佳的技術方案，解決了零售商在配送中心面臨的問題。蒙茨思考：「假如產品能夠自己說話、走動，甚至自動裝箱呢？」這將徹底解決困擾大型零售商的「揀貨、包裝和出貨」問題。這樣的思路最終促成了 Kiva 獨特倉儲機器人的誕生。

　　我問蒙茨：「你從蘋果公司汲取了哪些經驗？」

　　蒙茨說：「我們的做法和蘋果公司一樣，追求簡單。如果有零售商找上 Kiva，我們會提供完整的解決方案，負責設計、模擬、開發軟體、測試、安裝，並確保一切運作順暢，最終交付使用。營運商不需再擔心物料處理的問題，可以重新專注於他們最擅長的事，也就是履行顧客的訂單。這對於 Staples、Walgreens、Gap 和 Zappos 這類客戶來說，非常有價值，他們可以不用再操心物流管理，能夠專注於履行訂單，順利把『史密斯太太的綠色毛衣』送到客戶手中。」[3]

　　在內部運作上，Kiva 系統極為複雜，而蒙茨同樣從蘋果那裡學到了寶貴的經驗：必須將複雜性隱藏在客戶看不見之處。蒙茨告訴我：「你買了一台 iPod，是因為你想聽音樂，而不是想成為 MP3 轉檔或檔案格式專家。你只想接上設備，然後直接使用。這就是我們 Kiva 公司的核心理

念。」

不妨問問自己：**要怎麼做才能讓客戶的生活變得更簡單、更輕鬆、更美好？**創新的公司會打造產品或提供服務，讓客戶能專注於自己最擅長的事。以 Kiva 及其客戶 Staples 為例，Staples 是一家主要銷售辦公用品的公司，並不擅長處理倉儲物流，也不想投入其中。Kiva 向 Staples 提出的解決方案很直接：我們負責你的物流管理，你只需要專注於為顧客提供高品質的產品。蒙茨說：「在蘋果公司，我們執著於技術和創新，但並不是為了追求技術本身。我們會運用電腦圖形技術，使產品變得更直觀、更容易上手。重點在於簡化用戶的生活。」

蒙茨從蘋果學到的另一個重要理念是：設計不只是外觀，更是關乎產品如何運作。Kiva 的目標是打造簡單且易於操作的產品，而要做到這點，就必須減少不必要的複雜功能或按鈕，確保產品專注於核心任務。Kiva 機器人必須讓倉庫員工與管理者感到親近，如果外形看起來令人畏懼，將會阻礙這套系統在倉庫現場的普及。蒙茨表示：「在設計這些機器人時，我們希望機器人看起來有趣、友善、容易親近，而且操作簡單。不同於許多複雜的科技產品，我們的機器人只有開機和關機兩個按鈕，我們把它設置在機器人兩側，這樣無論使用者從哪個方向靠近，都能輕鬆操作，不需要伸手去找按鈕。我們讓這些機器人看起來親和力十足，因此工人們將之視為個人助手，甚至還會幫機器人取名字！」

許多白手起家的成功企業家，為了解決現實世界的問題，都致力於設計簡單而優雅的產品。蒙茨最初並沒有打算開發機器人，他的目標是提升企業生產力，結果才發現，機器人是理想的解決方案。Kiva 系統讓倉庫員工的工作效率提高了四倍之多，以這樣的成果來看，你的下一筆網購商品，很可能就是由蒙茨研發的橘色機器人負責處理的。

簡單到不需要說明書

創新專家維甘提認為，有時若一款產品充斥過多功能的話，代表公司的領導階層對於想要達成的目標不夠清楚。他們可能無法明確定義產品的核心價值，或是讓太多人參與設計決策，導致方向混亂。維甘提指出：「他們過度依賴民主決策流程，結果造成產品功能失焦，因為不同的工程師和設計師各有想法，甚至會提出相互矛盾的功能需求。」[4] 在他看來，試圖迎合所有人的意見，只會讓產品變得過於複雜，最終結果令人失望。

2009 年秋天，我與音響品牌 Sonos 的高層團隊會面，他們即將推出一款巧妙隱藏背後複雜技術的商品。他們之所以能成功，正是因為滿足了消費者的核心需求：無線播放音樂。

Sonos ZonePlayer S5 於 2009 年 10 月首次亮相，隨即獲得了記者和消費者的熱烈好評。這是全球首款使用者可以透過網路或 iPhone 操控的全功能無線音樂系統，似乎注定會受到市場青睞。這款喇叭的音質極佳，最重要的是，安裝過程極為簡單，幾乎任何人都能在五分鐘內完成設定就開始使用。科技專欄作家艾里克‧赫塞爾達爾（Arik Hesseldahl）的評論寫道：「不用查看說明書，也不必傷腦筋如何調整路由器的複雜設定。不過，你可能會發現自己聽更多音樂了。」[5] 赫塞爾達爾強調，雖然競爭對手的產品音質也不錯，但「設定麻煩」，而且很難操作。

我向 Sonos 團隊請教設計創新和成功產品的祕訣時，他們的回答與蘋果的理念非常相似，大致如下：「我們的出發點不是技術，而是從人的需求開始。我們先去了解人們希望在家裡如何體驗音樂，然後基於這個需求來設計系統。」換句話說，Sonos 設計師並非一開始就以打造先進的無線

音響系統為目標,而是從這個問題出發:**人們希望在家裡怎麼享受音樂?**這個問題促使他們進行家庭訪問、廣泛研究和多年的原型測試,以達到理想結果。設計師稱這個結果為「簡單創新」:這套系統不會令人望而生畏,能讓顧客覺得「我知道怎麼用,也樂在其中」。系統必須簡單到讓每位家庭成員都能輕鬆設定,包括那些不熟悉科技產品的人。設計目標之一就是讓顧客在五分鐘內愛上這款產品。

壽司的禪境

在紐約(New York)、米蘭(Milan)、東京(Tokyo)和比佛利山(Beverly Hills)等地,餐廳饕客願意砸大錢品嚐「Nobu 風格」的壽司料理。日本名廚松久信幸(Nobuyuki Matsuhisa,簡稱 Nobu)被譽為創新的餐飲企業家,他擅長將傳統日本料理與祕魯食材融合。他的美食以新鮮、優質的食材,以及看似簡單卻極具巧思的擺盤而聞名。Nobu 的食材難以取得,準備過程也極為繁複,但這些複雜性都被巧妙地隱藏在幕後。演員勞勃・狄尼洛(Robert De Niro)在洛杉磯(Los Angeles)的餐廳品嚐過 Nobu 的料理後,印象深刻,於是資助了在紐約開設分店。如今,Nobu 在全球擁有數十家高級餐廳,被許多人譽為世界頂尖的壽司大師。

Nobu 的料理充滿創意與巧思,其中幾道獨特的組合包括黑鱈魚味噌燒,章魚搭配柚子醬汁與祕魯辣椒醬。雖然料理充滿異國風味,不過 Nobu 的烹飪創新卻是以簡單為核心,簡單的烹調手法和簡約的擺盤方式,旨在突顯食材的原味。

正如設計大師艾夫選擇純白色讓 iPod 產品更顯突出,名廚 Nobu 也將白色餐盤視為畫布,讓料理本身成為視覺的焦點。他認為必須去除任何會

分散注意力的擺盤或影響獨特風味體驗的元素。Nobu 的料理哲學是精簡的藝術，他餐點去除的部分與保留的食材都同樣重要。

Nobu 與賈伯斯有相同的理念，即追求自己熱愛之事。他曾說，成功的關鍵要素不在於技術專長，而是熱情。這不僅適用於廚師，對任何想要在某個領域成功的人都是如此。正是這份熱情讓他遭遇重挫後，仍堅持留在餐飲業。Nobu 在阿拉斯加的安克拉治（Anchorage）開了第一家餐廳，開業才兩個月就不幸燒毀。他沒有投保，還借了大筆款項來投資餐廳，因此大受打擊，非常沮喪。然而，他下定決心，無論如何都不會放棄追隨自己從十三歲起就埋藏在心中的熱情：創造令人難忘的壽司料理。

Nobu 同樣秉持賈伯斯對卓越的堅持，對每一個細節都不馬虎。點一道扇貝黃瓜料理，你會發現十五片薄薄的黃瓜片被精心排列成圓形，擺放在純白色的餐盤上，七片扇貝圍繞著黃瓜，每一片扇貝上都撒上一小片香菜，最後，香菜中央精心點綴著少許祕魯辣椒醬。菜單的設計始終保持簡單。他會去除任何會干擾主食材焦點的元素。

日本人將壽司的呈現視為藝術創作。雖然風格多元，但一切準備過程的主導原則就是簡單。你必須呈現食材的原味，壽司過多的捲層或裝飾會削弱食材本身的風味。簡單卻優雅，創新不見得要增加新東西，而是要問自己，能減少什麼？

揮別不重要的車款

我的前本著作《跟賈伯斯學簡報》促成了我與時任福特汽車公司執行

長艾倫・穆拉利（Alan Mulally）*之間的對話。他告訴我，他讀完《跟賈伯斯學簡報》，而這使我開始更加關注穆拉利在美國汽車製造業的職業發展。我首先注意到的是，他堅定樂觀的態度和積極的能量。穆拉利的電子郵件、媒體訪談和公開演講，都反映出他對打造世界一流汽車的堅定信念。第二件讓我印象深刻的事是，穆拉利為實現目標所採取的策略，他的座右銘是「提升專注，簡化營運」。

穆拉利於 2006 年 9 月 5 日被任命為福特汽車公司總裁兼執行長。福特家族聘請穆拉利這位前波音公司（Boeing）高階主管，希望他能為具象徵意義的美國品牌帶來全新視角，福特當時迫切需要注入新血。正如賈伯斯於 1996 年回歸之前，蘋果幾乎瀕臨倒閉；福特在穆拉利接手之前，也正處於生死存亡邊緣。2006 年，福特虧損一百二十六億美元，股價跌至兩美元以下，這是多年來市場份額持續下滑的結果。

你可能還記得我們在前述章節中提到的，賈伯斯重振蘋果所採取的第一步就是削減產品，專注於公司最擅長的領域。同樣地，穆拉利也大刀闊斧地裁撤了多個品牌，首當其衝的是捷豹（Jaguar），緊隨其後的包括荒原路華（Land Rover）、奧斯頓・馬丁（Aston Martin）和富豪汽車（Volvo）。福特將車輛底盤平台†數量從二十多個減少到八個，全球的車型從九十七款縮減至二十五款。由於每款車型的開發成本都高達數億美元，但銷售量卻不足，因此這項舉措為公司節省了數十億美元。除了節省開支之外，這也使公司能夠讓最優秀的團隊專心開發留下的每一款產品。透過簡化營

---

* 編按：穆拉利就任三年內，讓虧損 170 億美元的福特轉虧為盈，屢獲選最佳 CEO，於 2014 年 7 月退休。目前執行長為吉姆・法利（Jim Farley）。

† 編按：是指車輛的基礎架構與設計架構。為了降低成本、加快研發速度、統一品質與性能標準，汽車公司通常會在同一個平台開發多款不同車型。

運，穆拉利使福特目標更加明確，努力奏效了，福特是唯一沒有接受政府紓困的美國汽車公司。2009年，福特創造了二十七億美元的利潤，股價飆升六倍。此外，根據福特公司的內部調查發現，87%的員工認為公司正朝向正確的方向發展。透過學會拒絕，福特成功迎來轉機。

極簡 ≠ 簡單

不要將簡單（simplicity）與極簡主義（minimalism）混為一談。「極簡」是一種廣泛的設計概念，適用於各種不同的領域，從簡報、舞台演出，到商店內部裝潢。走進一家邁可・寇斯（Michael Kors）的精品店，挑選五百美元的手提包，你會發現商店內空間寬敞，大型展示桌上只有少數幾件產品，這就是極簡主義。造訪谷歌網站，你會發現只有一個搜尋框和大量留白；觀看賈伯斯的演講，也會看到許多投影片上只有照片、沒有文字，這都是極簡主義的表現。

談到創新，少即是多確實有道理。沒錯，最簡單的設計通常是極簡主義，但極簡設計並不代表簡單。**專注**才是最終目標，而非追求極簡。精心設計的網站之所以迷人，是因為能讓造訪者輕鬆快速地找到所需的訊息，因此，應該去除任何會讓人分心與核心任務無關的元素。添加過多資訊會分散人的注意力，偏離眼前要解決的問題，無論是購買書籍、閱讀相關內容，還是要申請訂閱。

目前的網站設計有兩種主流趨勢，都不怎麼吸引人。首先是充斥過多文字、內容雜亂的網站。我最近看到在佛羅里達州的一家公司網站，專門為住宅和商業場所提供大門和圍欄的客製化服務，這是我見過最糟糕的網站，首頁上擠滿了三十多張產品照片，還有超過一千字的內容。相較之

下，蘋果首頁的字數還不到五十字。

第二種趨勢稍微好一點，但仍然令人困擾，也就是設計師「極簡主義」過頭。這些網站設計師過於沉迷於展現創意，結果製作了 Flash 動畫特效首頁，這些畫面載入速度極慢，對顧客體驗也沒有實質的好處，這些技術反而阻礙了顧客瀏覽網站的主要目的。

我喜歡收聽當地的談話性廣播節目，主持人總是不忘宣傳電台的官網，告訴聽眾可以在網站上找到相關書籍、文章或訪談連結。但問題是，我曾多次嘗試在網站上尋找相關資訊，但每次都找不到。網頁設計師在網站上塞滿了資訊，占據了首頁的每一寸空間，讓人幾乎不可能找到節目中提到的任何內容。有一次我太氣餒了，直接去那位嘉賓的公司網站（他曾說過會將自己的廣播訪談內容存檔）。結果我還是找不到自己需要的資訊，因為那位嘉賓也把他所有的內容都放在首頁上。三十分鐘後，我放棄了。

你可能認為設計簡單的網站很容易，但其實不然。簡潔的設計需要時間與技巧，添加多餘資訊很容易，任何人都能做到，現在許多網站看來都像十三歲的孩子所設計，這種雜亂現象相當普遍，設計師並沒有考慮到顧客的需求。諷刺的是，添加多餘的資訊，反而比去除會分散注意力的內容要容易得多。

過多的選擇經常會讓顧客感到無所適從。哥倫比亞大學（Columbia University）的希娜·伊揚格教授（Sheena Iyengar）進行了一項著名的「果醬實驗」研究。在加州一家美食市場，伊揚格及其助理設置了一張桌子，提供果醬樣品讓顧客品嚐。每隔幾個小時，他們就會減少樣品的數量，從二十四種減少到六種。每位前來品嚐的顧客都會獲得折扣券，若決定購買果醬，便可在結帳時使用。結果令人震驚，選項較多的攤位吸引到更多

顧客，因此你可能會猜想，提供更多選擇能帶來更高的銷售量。但你猜錯了。事實上，當果醬口味選擇眾多時，顧客的購買率只有 3%；而當選擇變少時，購買率卻高達 30%！伊揚格得出結論，理論上，提供選擇可能很吸引人，但實際上，過多的選擇反而讓人無所適從。

如今，我有了小女兒，伊揚格的假設對我來說更有道理了。如果要三歲的女兒從整個衣櫥中挑選衣服，她會猶豫很久才能決定，若只給她兩個選項時，她立刻就能判斷，結果大家都很開心。

現在讓我們回到蘋果網站的討論話題。蘋果官網首頁通常只展示一款產品，比如 iPad。如果你想要更多選擇，很簡單，可以從其他五大類別中點選，包括 Mac 電腦、音樂、iPhone、手錶或電視，就是這麼簡單。

當人們進入網站時，他們是帶著特定目標而來的，例如學習、閱讀或訂購某些東西。過多的文字或選項最終會分散顧客的注意力，影響體驗。

投影片是最大敗筆

在第七個致勝心法中，我們將深入探討有效溝通在創新的重要，但目前請記住，無論是產品、網站，還是簡報，過於複雜的設計都會成為阻礙。2010 年 4 月 27 日，《紐約時報》頭版刊登一篇有關美國軍方使用 PowerPoint 的報導，標題非常直白：「我們遇到的敵人就是 PowerPoint。」[6] 這篇報導提到了當時美軍與北約駐阿富汗部隊（NATO forces in Afghanistan）指揮官史坦利·麥克里斯特（Stanley McChrystal）將軍的經歷。他曾看過一張有關該地區軍事戰略的 PowerPoint 投影片，內容超過四百個字，看起來就像打結的義大利麵。麥克里斯特笑說，如果他能看懂這張投影片，美國就能贏得這場戰爭。這是一句玩笑話，但一些軍方領導者卻認

為使用 PowerPoint 是嚴重問題，可能帶來危害，會扼殺討論、妨礙批判性思考，甚至決定禁用。

問題的根源不在 PowerPoint，而是美國軍方領導者在溝通時沒有採取像賈伯斯般的思維方式。任何軍事行動本來就非常複雜，牽涉到無數的變數、軍事人員和裝備。而關鍵在於如何隱藏複雜性，讓觀眾（無論是蘋果的顧客，還是軍隊的士兵）能快速而清楚地理解他們需要關注的重點。過度複雜的內容會阻礙溝通、理解和創新。切記，一個想法或發明只有在能推動社會進步時，才算是真正的創新。如果創意構想因為太過複雜而無法付諸實行，那就永遠無法達到創新的標準。

輕鬆規畫，打造夢想人生

大家好奇是否是能將蘋果的設計理念應用到自己的生活中？休士頓（Houston）的牧師薩爾・斯本納（Sal Sberna）認為是可能的。2006 年 1 月，斯本納為大都會浸信會（Metropolitan Baptist Church）創作了四篇系列講道，名為「iPod 的神學」。斯本納表示，他撰寫這些講道內容是為了幫助教會的年輕人，將 iPod 與上帝想要教導他們的真理進行聯想。斯本納與我分享他的講道筆記，他的主要教誨是關於簡單的概念。他觀察到，iPod 之所以優雅又簡單易用，是因為內部設計非常簡單，他認為上帝也創造了我們內心簡單的本性，相信只要我們不受外界瑣事的干擾，就能與上帝保持良好的關係。

你不必是宗教信徒，也能知道，若你能像賈伯斯和艾夫設計蘋果產品般，來設計自己的生活，可能真的會增加你的成功潛力。《從 A 到 A＋：企業從優秀到卓越的奧祕》（*Good to Great*）暢銷書作者詹姆・柯林斯（Jim

Collins）在史丹佛大學商學院課堂上，發現了這個強大的祕密。當時，柯林斯正修習一門創新與創意的課程，其中一位老師告訴他，他是個缺乏紀律、不夠專注的學生，這番話讓柯林斯感到非常驚訝。他每年年初都會設立三個方向，也會努力去實現遠大且富挑戰性的目標（Big, Hairy, Audacious Goals—BHAGs）並引以為傲。然而，老師告訴他：「你不是在過紀律的生活，而是過著忙碌的生活。」[7]

老師給了柯林斯一項作業，讓他想像自己突然繼承了兩千萬美元，但只剩下十年生命，他會做出哪些改變？特別是思考自己「會停止做什麼」的問題。柯林斯表示，完成這項練習是他人生中最重要的課程之一。在經過深思熟慮後，他決定離開惠普（Hewlett-Packard），雖然他熱愛這家公司，卻討厭那份工作。隨後，他追求了自己真正的熱情，成為史丹佛大學商學院的教授。如果柯林斯沒有進行「會停止做什麼」的練習，數百萬讀者或許永遠無法讀到他的著作，其中包括兩本極暢銷的商業書籍：《基業長青：高瞻遠矚企業的永續之道》（Built to Last）和《從 A 到 A+》。柯林斯認為，這項練習對於成功的人生極為重要，因此他每年都會列出需要「停止做」的事項，當成新年目標的基石。

柯林斯提供了一個簡單的框架，幫助你過上非凡的人生。他建議你自問三個問題：

» 你對什麼充滿熱情？
» 你天生適合做什麼——哪些活動讓你覺得自己「為此而生」？
» 哪些是經濟上可行的選擇——什麼行業能讓你以此為生？[8]

柯林斯接著建議你檢視自己的活動，如果一半的時間都不符合這三個

第 11 章 » 換個角度，思考設計 211

範疇,那麼就該開始列出需要「停止做」的事項了。柯林斯在《今日美國》中寫道:「讓你的生活成為一件創意藝術品。一件偉大的藝術作品,不僅是最終呈現的內容,同樣重要的是那些被捨棄的部分。能選擇性的捨棄不合適的部分,才能使真正卓越的藝術家脫穎而出,造就理想的作品,無論是交響曲、小說、畫作、新創公司,或是最重要的:成功的人生。」[9]

蘋果設計的產品既簡單又優雅,這些設計目標是賈伯斯一輩子的工作動力。從賈伯斯創新的經驗中汲取靈感:在商業中,要讓自己從競爭對手中脫穎而出,不是增加新東西,而是刪除不必要的。在生活中,讓自己成功的關鍵也不在於選擇承擔多少計畫,而是要有所取捨。很簡單,對吧?

》創新要點

1. 自問:「顧客購買我的產品,最主要的原因是什麼?」這個答案應該成為你產品的核心焦點,應該去除任何偏離此焦點的元素。

2. 從顧客的角度重新審視你的產品或服務,問問自己:「顧客來我們這裡,最主要的原因是什麼?」讓顧客能夠輕鬆找到,或完成這項關鍵需求。檢視所有的細節,包括產品本身、包裝、網站、使用說明、溝通方式等。這一切是雜亂又令人困惑,還是簡潔優雅?

3. 無論是作為新年目標,還是在一年中的任何時候,列出需要「停止、不要做」的事項。不要花太多時間在無助於實現核心目標、無法滿足你熱情的計畫或任務上。

致勝心法 6
創造極致精采的體驗

人們不再只想買個人電腦，
更想知道電腦能帶來什麼價值，
而我們要為他們展示此點。

——賈伯斯

第 12 章
我們的任務是幫助您成長

> 我們當初在構思蘋果模式時,就決定必須與蘋果的精神契合,很簡單,就是豐富生活,讓人生活更精采,這正是蘋果三十多年來一直在做的事。
>
> ——羅恩・詹森,前蘋果零售業務資深副總裁

蘋果專賣店裡沒有傳統的收銀員,只有專家、創意人員、甚至「天才」(指「Genius Bar 天才吧」的技術人員)。蘋果專賣店裡也沒有銷售人員,只有諮詢顧問、禮賓人員、技術專家和私人購物專員。雖然店裡的銷售人員不採取佣金制,單位面積營收仍高於許多知名品牌。蘋果位於紐約第五大道著名的「玻璃旗艦店」,據說每平方英尺的營收甚至遠遠超越了鄰近的薩克斯百貨(Saks)和蒂芙尼(Tiffany)。蘋果每平方英尺的年營收高達 4,032 美元,而蒂芙尼為 2,600 美元,百思買(Best Buy)則只有 930 美元。蘋果顛覆了傳統零售業的思維模式,因而躍升為全球最成功的零售商。賈伯斯在 2007 年接受《財星》雜誌採訪時,表示:「以前沒有人願意投入這麼多時間、資金與工程技術去打造一家店面,顧客是否知道此點並不重要,但他們一定能感受到這裡與眾不同的氛圍。」[1]

蘋果於 2001 年在維吉尼亞州麥克林(McLean)的泰森斯角購物中心

（Tysons Corner Center）開設了第一家零售店。短短五年內，年營收便突破十億美元，成為史上成長最快的零售商。到 2016 年，蘋果在全球已擁有 479 家門市，並創下單季獲利高達 184 億美元的紀錄*。蘋果的投資者、員工和顧客應該感謝賈伯斯當年沒有聽從零售顧問大衛・戈德斯坦（David Goldstein）的建議，戈德斯坦曾斷言蘋果的零售計畫必然失敗，甚至預測說：「再過兩年，他們就會熄燈收場，結束這場代價高昂又痛苦的錯誤。」[2]現在你知道賈伯斯為什麼從不聘請顧問了吧！

持懷疑態度的人錯估蘋果專賣店的成功，是因為他們只看重數據分析，卻忽略了蘋果並非打算開店銷售電腦，而是要提供獨特的顧客體驗。戈德斯坦的錯誤在於將蘋果與當時的 PC 零售商（如捷威科技）相提並論。他分析了個人電腦零售業的毛利率後，推算出蘋果每年必須創造 1,200 美元的營收才能負擔店面成本，他以捷威科技作為例，指出其門市的年營收只有 800 萬美元。戈德斯坦傳統的數據分析理論看似合理，但在現實世界中，如前文提過的，賈伯斯從不以傳統方式思考，也絕不會低估無法以數據量化的情感體驗價值。正是因為賈伯斯有比競爭對手更宏大的願景，才推出零售業的創新，讓顧客走進蘋果專賣店購物，且在離開時「感覺」深受啟發。

讓人生活更精采

蘋果踏入零售業完全是迫於形勢。2000 年，蘋果仍依賴大型電子零售商，而這些零售商只單純推銷各家品牌的產品。像西爾斯百貨（Sears）

---

* 編按：根據 2025 年 7 月的新聞資料顯示，全球共有 530 多家門市，大中華地區有逾 50 家。根據《財報》顯示，2025 年第三季營收年增 10%，達 940.4 億美元，創近三年新高；淨利為 244.3 億美元，較去年同期大幅成長 14%。

和 CompUSA 這類門市的員工，幾乎沒有接受過蘋果產品的專業培訓，更不了解其獨特性。賈伯斯表示，購買電腦已經取代買車，成為最令人痛苦的消費體驗。他意識到，若無法改善顧客買電腦的體驗，蘋果的市場份額（當時僅占 3%）將持續下滑。談到進軍零售業的決定時，賈伯斯直言：「我們別無選擇，非得採取行動，否則將成為市場板塊變動的犧牲品。我們必須換個角度思考，在這方面進行創新。」[3]

賈伯斯知道自己並不懂零售業，因此邀請了 Gap 執行長米奇・德雷克斯勒（Mickey Drexler）加入蘋果董事會，並延攬前 Target 高層羅恩・詹森（Ron Johnson）*負責零售業務。詹森和賈伯斯有相同的願景，打造設計精美、價格合理的產品。兩人看法一致，相信若沒有明確又激勵人心的願景，就無法真正實現創新。他在 2006 年 9 月舊金山的一場投資分析會議中表示：「要在任何行業中成功，需要有極其明確的願景。對我來說，願景應該能用一句話表達，愈簡潔愈好。在我們剛開始時，零售商普遍的做法是單純銷售產品。如果要用一句話概括捷威科技的願景，那就是『賣電腦箱』，他們曾經把這叫做『搬運金屬』。我們當初在構思蘋果模式時，就決定必須與蘋果的精神契合，很簡單，就是豐富生活，讓人生活更精采，這正是蘋果三十多年來一直在做的事。」[4]

詹森和賈伯斯確立蘋果專賣店的願景是「讓人生活更精采」，而非「硬體買賣」後，他們便能摒棄傳統零售業對店面設計、地點選擇和人員安排的僵化規則。蘋果決定打造一種全新的電腦銷售模式，提供解決方案的精品門市。賈伯斯在展示第一家蘋果專賣店時表示：「人們不再只是想買個

---

* 編按：後於 2011 年 11 月離開蘋果，轉任美國百貨連鎖店 J.C. Penney 的 CEO，嘗試以蘋果模式改革百貨零售，但引起顧客反彈與營收大幅下滑，2013 年 4 月離職。2014 年創辦 Enjoy Technology 公司，主打行動零售，但 2022 年因連年虧損、宣告破產。

人電腦,更想知道電腦能帶來什麼價值,而我們要為他們展示這一點。」[5]

詹森問他的團隊:「一個能讓人生活更精采的商店是什麼樣貌呢?」給大家提示:這將是與眾不同的。在研究過電腦零售業以外的服務業典範(如四季酒店〔The Four Seasons Hotel〕)之後,詹森確立了幾項能讓蘋果專賣店脫穎而出的標準:

» **設計簡潔的商店**。商店將採透亮且寬敞的設計,而且只採用三種材質(不鏽鋼、玻璃和北歐原木)。詹森提到,Target 有三十一款烤麵包機,而專注於高端廚具的 Williams-Sonoma 則只有兩款。他決定讓蘋果專賣店參照這種極簡主義的概念,減少販售的產品數量。詹森並沒有太多選擇,他首次與賈伯斯會面時,iPod 尚未問世,因此蘋果只有四款產品(兩款筆電、兩款桌上型)來填充六千平方英尺(約一百六十八坪)的店面空間。詹森並未因此驚慌,反而看到了千載難逢的機會,決定不讓商店填滿產品,而是讓顧客沉浸在產品體驗中,這給了蘋果創新的空間。

» **將商店設立在人潮聚集的生活圈**。多數蘋果專賣店都位於購物中心或商業區,而不是在巨大停車場旁或偏遠地區。賈伯斯表示:「這些地段成本當然更高,卻是值得的,因為顧客不必花二十分鐘去賭運氣,只要走幾步路就能抵達門市。」[6]

» **允許顧客試用產品**。當時沒有任何電腦零售商會讓顧客上網試用商品。走進蘋果專賣店,你會發現所有產品都已連接網路,讓顧客可隨意瀏覽,沒有時間限制,也能在 iPad 上看書,在 iPod Touch 上玩遊戲,或是在 iPod Nano 上聽音樂。

» **提供禮賓式服務**。詹森請團隊成員分享自己曾經歷過的最佳顧客

服務體驗。多數人提到像四季酒店的高端服務，使詹森萌生在店內設立「吧台」的構想，顧客可以來這裡尋求幫助，蘋果提供的不是酒精，而是建議。賈伯斯帶人參觀第一家蘋果專賣店時，提到所有產品會展示在商店前 25% 的空間，其他的區域則專門用來提供解決方案。在解釋天才吧時，賈伯斯說：「如果你選購電腦時或購買後有任何問題，可以向專家請教，那該有多好？這就是我們的『天才吧』。這裡會有專門提供服務的人，能為你解答所有問題。如果那位專家不知道答案【拿起紅色電話】，還可以直接聯繫我們在庫比蒂諾的蘋果總部，總會有人能解答。」[7]

» **讓購物變輕鬆**。在蘋果專賣店裡沒有傳統的收銀台，顧客不需要長時間排隊等候結帳。每位專員都配備了一台特殊的 EasyPay 無線信用卡讀卡機，讓顧客能快速結帳，收據會透過電子郵件寄給顧客。蘋果並不鼓勵付現，有些商店對現金購物設有兩百五十美元的上限，而某些商品也無法用現金購買，除非轉換成禮品卡。這種做法聽起來可能有點麻煩，也曾經引起一些負面新聞，但無線支付方式確實讓多數蘋果顧客能夠快速完成結帳。

» **提供一對一教學服務**。顧客若在蘋果官網或實體店購買 Mac 電腦後，可報名參加一對一教學服務，與一位「創意專員」學習任何他們有興趣的程式。每天都可能看到不同年齡層的人在學習如何利用 Pages 編寫文件、用 Keynote 製作簡報、用 iPhoto 整理照片，或是用 GarageBand 學習樂器。顧客愈能享受蘋果提供的程式，就愈有可能再次回購。

»

蘋果透過提升顧客的購物體驗，徹底顛覆了傳統的零售業模式。

不受現實束縛

詹森曾說，從 Target 轉戰蘋果的經歷讓他大開眼界，因為賈伯斯完全「不受現實束縛」。這是富有洞察力的見解，讓我們對賈伯斯、蘋果和創新之道有更深刻的了解。詹森認為，人從出生起就被灌輸某些事情不能做，他表示：「創新是人的想像力和現實之間的奇妙交集。問題是，許多公司缺乏豐富的想像力，而現實的框架又使他們相信，夢想不可能實現。」[8]

詹森談到了他在 Target 的經歷。這家連鎖店販售的產品與沃爾瑪幾乎一樣。詹森請來著名的設計師麥可・格雷夫斯（Michael Graves）設計新穎又獨特的產品。格雷夫斯設計了一款茶壺，最終成為熱賣商品，他還為 Target 設計了數百款受歡迎的產品。不過，在詹森推出這款茶壺時，Target 的高層建議降低品質，好讓售價從 40 降到 20 美元，但詹森堅守立場，相信 Target 的顧客會欣賞設計精美、但價格合理的日常用品。詹森指出，如今設計已成為 Target 業務的基石，也是市場區別的關鍵。

當詹森來到蘋果時，他原本預期會碰到類似的阻礙，卻發現賈伯斯對於優秀設計、高品質產品和熱情想像力的重視，完全「不受現實束縛」。詹森表示：「我們讓想像力主導。如果你問顧客他們最喜歡我們商店的哪一點，他們會說喜歡我們想像出來的東西。」[9] 詹森在 Target 與蘋果經歷

「小時我唯一擅長的事情是畫畫，母親建議我考慮將繪畫天分運用到像建築這類的職業。我對建築及其文化意涵認識不深，直到我去了羅馬後，才開始以全新的視角理解建築。一旦你看過古羅馬神殿的結構，體會到地面、天花板、牆壁、柱子、屋頂和窗戶的作用時，會突然領悟，『啊哈，這些就是建築設計的基本元素』。」[10]

——麥格雷夫斯，論探索非傳統經驗的重要性

教會我們：墨守成規只會產生平庸的點子。如果 Target 只跟隨沃爾瑪的模式相互競爭，將沒辦法塑造獨特的品牌形象。假如蘋果選擇追隨捷威科技的策略，也沒辦法打造出創新的零售體驗。這兩家公司之所以能在零售領域成功創新，正是因為他們打破了業界普遍接受的規範，向外尋求靈感：Target 轉向了設計師格雷夫斯，雖然他以世界級的建築設計聞名，但也成功設計了日常家電；而蘋果則轉變與電腦毫無關聯的四季酒店尋求靈感，在蘋果專賣店的成功當中扮演了關鍵角色。

我們的任務是幫助您成長

2010 年 2 月，我走進一家蘋果專賣店，打算為我們辦公室的創意工作買一台新的 MacBook Pro。事先聲明，我們賈洛傳媒集團（Gallo Communications Group）並不是「蘋果狂熱粉絲」，我們對微軟 PC 和 Mac 的性能都非常滿意，員工覺得兩種平台各有所長、適用不同需求。然而，我們對卓越的客戶服務體驗卻有明顯的偏好，認為蘋果在表現得特別出色。

我早已知道自己需要什麼，其實可以直接在網上購買，根本不需要踏進實體店，但我想親身感受完整的「蘋果體驗」。事實上，我確實是從線上開啟這段旅程的，我預約了「私人購物專員」服務。如同以卓越客服聞名的諾斯壯（Nordstrom）百貨公司，提供了私人購物專員協助顧客挑選合適的商品，蘋果也有專人解惑，幫你找到最合適的產品。選擇當地的蘋果專賣店後，蘋果隨即寄了預約確認郵件給我。

我準時來到店裡，立刻受到「專業顧問」多明尼克的接待，接下來的一小時，他耐心解答我的疑問，向我展示蘋果的產品。多明尼克告訴我，他並非靠業績抽成，交談一開始就強調：「我們的任務是幫助您成長。」

聽到這句話時，我意識到這將是一次獨特的體驗。正是此句話，讓我知道蘋果為什麼能創造出零售領域中最具創新的環境。多數零售商都只是為了推銷產品，而蘋果的目標則是幫助顧客成長，這兩者之間有巨大差別。

我問：「多明尼克，我還在猶豫要選擇 Mac 還是 PC。你覺得換成 Mac 電腦對我有什麼好處呢？」雖然我已心裡有數，但想聽聽我的私人購物專員會怎麼回答。

多明尼克回覆：「您之前提到您常做簡報。」我從這句話中聽出，他已經仔細聆聽並評估我的需求。他表示：「Mac 操作系統是基於 Unix 平台，這代表系統非常穩定可靠。您一定不希望在面對三百人進行簡報時，遇到技術問題吧？」

「當然不希望。」我回答。「iLife 是所有新款 Mac 電腦的預設安裝軟體，」多明尼克繼續說：「您提過希望在照片和影片方面有更多功能，iLife 提供了最好的程式，幫助您整理、分享和享受照片、影片和音樂。」

我說：「聽起來很不錯，但我得重新學習所有的新軟體。我已經習慣了 PC 的操作，而且得心應手。」多明尼克回應：「這沒問題，我們可以在店裡為您安排專屬的一對一教學。」

蘋果設想了所有細節。多明尼克受過專業訓練，能夠傾聽我的需求，量身打造解決方案，預測到我的猶豫之處，而且全程保持親切、友善。我本來可以當場購買，但選擇觀察這次體驗能有多深刻。

我說：「呃，我還是有點不確定，」我搖了搖頭，擺出一副「我很困惑」的樣子。多明尼克說：「沒關係，慢慢來。如果您覺得有需要，我們可以幫您聯繫一位商業顧問。」

我感謝多明尼克的協助，並要求預約。多明尼克記下了我的名字，告訴我會有人與我聯繫。當一般零售商說會有人聯繫時，通常代表你很可能

要等上好幾天,甚至根本不會再聽到消息,但蘋果不一樣。等我回到辦公室時,已經收到了來自蘋果專賣店顧問的留言,要幫助我做出決定。幾天後,我再次來到門市與顧問見面,就像多明尼克一樣,這位顧問也明確表示他不是靠業績抽成。他說:「我的職責是讓您對我們的產品感到自在,希望您成為我們的終身顧客。」

我向顧問提出和之前大致相同的問題,結果得到一樣的答案,蘋果的每一位員工都經過統一的培訓,傳遞的訊息非常一致。顧問列出了符合我需求的產品清單,並提供最終的價格明細,其中包括九十九美元的「一對一」教學服務計畫,讓我每週都享有一次專屬的訓練課程,為期一年。

我說:「哦,還有一個問題。我有一台 PC,裡面儲存了很多資料,必須移轉到 Mac 電腦上,我該怎麼操作?」顧問回答:「沒問題。只要在購買時把您的筆記型電腦帶來,交給我們,我們會幫您移轉所有的資料,隨後再安排一個時間讓您取回舊電腦,並與您的新電腦見面,我們將這個過程稱為『認識你的 Mac』。」

蘋果再次考慮到所有細節。每當我提出轉換成 Mac 電腦的困難時,蘋果的專家或顧問總是能提供解決方案。他們甚至安排了輕鬆、無壓力的介紹方式,讓我「認識」自己的新電腦,就像是為我安排了一次約會:由我認識的專家介紹這套系統,保證她(電腦)具備我所期望的所有特質(包括簡單維護!),而且我可以在輕鬆的環境中「認識」她。見了面之後,

---

「我們不做市場調查,也不聘請顧問。我過去十年來唯一聘請過的顧問公司,是為了分析捷威科技的零售策略,這樣我就能避免重蹈覆徹。但嚴格來說,我們從不聘請顧問,而只想打造優秀的產品。」[11]

── 賈伯斯

我們可以透過每週一次的專屬訓練來熟悉彼此，整整一年。任何經過這麼深入的關係，想要分開都難，而這正是蘋果在零售方面成功創新的關鍵。多數零售商的目的是推銷產品，而蘋果則是在建立一段終生的關係。

事先提醒：與客戶建立深厚的情感關係可能會帶來一些出乎意料的奇異後果。2010 年情人節，約書亞和李婷決定結婚，在親朋好友面前宣誓愛情。情人節結婚並不罕見，但在紐約第五大道蘋果專賣店結婚，則相當不尋常。「牧師」打扮得像賈伯斯，穿著黑色高領毛衣、藍色牛仔褲和運動鞋。這對新人從 iPhone 上宣讀他們的「我願意」誓詞，並將影片編輯後上傳到 YouTube（很可能是用 Mac 編輯的）[12]。

是的，當客戶愛上你的品牌時，總會發生奇妙的事，而當兩個人因你的品牌而相識並墜入愛河，那就更不可思議了！

身為迪士尼最大的股東，賈伯斯經常被請求提供建議，幫助這家媒體巨頭改善業務。當一位負責改革迪士尼零售門市的高層向賈伯斯請教時，賈伯斯給出的建議是：「要有更遠大的夢想。」沒有比這更明智的建議了。

» 創新要點

1 不要只是推銷產品，而是要豐富人們的生活。

2 仔細檢視顧客與品牌的每一個互動接觸環節，把握所有機會與顧客建立更深厚、更持久的關係。

3 無論是否打算購買蘋果產品，都應該去一趟蘋果專賣店，觀察店面設計與顧客服務體驗，看看是否有可借鑒的技巧，來提升自家品牌的顧客體驗。

第 13 章
換個角度，思考品牌體驗

> 如果你只專心思考如何能讓顧客和員工感到滿意，在現今世界中，這種做法最終有助於商業發展。
>
> ── 謝家華（Tony Hsieh），ZAPPOS 創辦人

羅伯特・史蒂芬斯（Robert Stephens）懷抱創新客戶體驗的夢想，以兩百美元的資金和一輛腳踏車起家，最終創立了市值數十億美元的企業。在大學時期，史蒂芬斯會騎著腳踏車到別人家去修理電腦。他始終將自己視為品牌經營者，他的客服中心是一支手機，供應鏈則是一台越野腳踏車。1994 年，當史蒂芬斯決定擴展業務時，他沒錢打廣告，便從客戶服務專家「借鑑」靈感。他注意到聯合包裹服務公司（UPS）的司機都穿制服，於是決定維修團隊也要穿制服。既然員工都自詡為電腦「極客」，制服自然要符合形象：白色短袖襯衫、黑色夾式領帶、黑色長褲、白色襪子，並佩戴特工風格的金屬警徽。為了強化特工形象，史蒂芬斯甚至購買了福斯金龜車（Volkswagen Beetles），改漆成黑白相間，將之改裝為警車般。此外，他也從換油連鎖店學到「統一定價」的做法，將這種收費模式應用於電腦維修服務。

此刻你可能已經猜到了，史蒂芬斯正是極客幫（Geek Squad）的創

辦人，這是一家維修電腦與提供電子產品服務的公司，於 2002 年被百思買收購。自此，極客幫的規模從六十名員工和三百萬美元的營收，成長到每年營收超過十億美元。極客幫的服務部門遍布於百思買全美一千一百四十三家門市中，其標誌性的「極客行動車」（Geekmobiles）仍穿梭於各大社區，提供上門維修服務。極客幫兩萬四千名「特工」依舊穿著史蒂芬斯當初為了讓品牌獨樹一幟所設計的極客制服。

如果不是因為當時百思買副總裁尚恩・斯凱利（Sean Skelley）*的遠見卓識，極客幫可能永遠無法與百思買劃上等號。隨著電子零組件、電腦和科技產品變得日益複雜又很難設定，斯凱利一直在思考如何更貼近顧客，建立更令人滿意的主顧關係。極客幫已經以卓越的客戶服務建立了良好聲譽，斯凱利深知這種服務將與百思買的連鎖店互補。

在網路上搜尋「電腦維修」，會出現兩千七百萬條連結。可想而知，對於電腦維修公司來說，要在激烈競爭中脫穎而出多麼困難。極客幫的史蒂芬斯本來可能只會是全美數千名電腦維修專家之一，為少數客戶提供服務，過著普通的生活。但他有更遠大的夢想，實現夢想需要他從不同的角度，思考顧客與品牌之間的互動體驗。

傳遞快樂

線上鞋類和服飾零售商 Zappos 的創辦人謝家華，與蘋果創辦人賈伯

---

* 編按：2009 年後升任為國際零售業務總裁，掌管百思買在加拿大、中國、墨西哥與歐洲等國際市場的營運。離開後，任職於提供電子設備保固與支援服務的公司 Asurion、居家維修與安裝服務的 Sears Holdings 和保固管理與售後維修支援服務的 N.E.W. Customer Service Cos. LLC 等的高階主管。

斯有許多相似之處。兩人都是從家中閒置的房間開始創業，都致力於提升顧客服務體驗，也都改變了顧客對品牌產品的看法。透過重新塑造顧客體驗，Zappos 不僅取得了卓越成就（2009 年亞馬遜以十二億美元收購），還被《財星》雜誌評為全國最佳工作場所之一。

我為《商業周刊》撰寫報導採訪了謝家華後，他邀請我參觀位於拉斯維加斯地區的 Zappos 總部，我在 2009 年 12 月依約前往。在美國企業界，我從未體驗過像 Zappos 的文化。Zappos 員工對工作充滿熱忱，而顧客也都是狂熱的粉絲（75% 的 Zappos 交易來自顧客回購）。Zappos 的成功「祕訣」在於，謝家華從來不是以銷售鞋子為目標，他的願景是打造創新的企業文化，讓員工與顧客都能感受到快樂。

探訪 Zappos 的獨特體驗

我問羅茲・瑟西（Roz Searcy）在 Zappos 擔任什麼職位時，她回答：「只要你說得出來，我就能辦到。」[1] 羅茲是公司的接駁車司機、接待員，也是萬能幫手。她來拉斯維加斯的飯店接我，載我前往亨德森（Henderson）探索瘋狂、有趣又充滿活力的 Zappos 世界。Zappos 被譽為全美最佳工作場所之一，這並不難理解。從執行長到接待員，每位員工都在實踐品牌的價值觀。以下是 Zappos 成為創新顧客服務標竿的五大原則。

1. 將每個人視為家人

我的參觀之旅始於 Zappos 的接駁巴士準時出現在我的旅館門口，我是車上唯一的乘客，沒有人知道我此行的目的是為《商業周刊》撰寫報導。我猜這一點並不重要，對 Zappos 員工來說，最重要的是我想了解他們的

企業文化，而他們也非常樂意與我分享。

「妳為什麼專程開車來旅館接我呢？」我問羅茲。「我們把顧客當成家人看待，如果你家人來訪，你不會去旅館或機場接送他們嗎？我們對待顧客和任何想了解我們企業文化的人，都是這樣的！」

切記，公司的**每一位**員工都代表自家品牌形象。走進蘋果專賣店，你會受到友善又專業的員工接待。在 Zappos 也如此，從接駁車司機、櫃台接待員，再到客服專員，每個人都體現 Zappos 的企業文化。

2. 招募與企業文化契合的人才

我在 Zappos 遇到的每個人個性都很外向，導覽員強納森‧沃爾斯克（Jonathan Wolske）充滿熱情與活力，開心地講述 Zappos 的故事。客服中心的員工特地停下來向我們打招呼、吹口哨，熱情地歡迎我們經過他們的工作區（我說「工作區」，其實更像創意的巢穴，員工可以在個人工作空間中表現自我）。謝家華告訴我，Zappos 招募員工時，最重視「文化契合度」。例如，公司的十大核心價值之一是「創造樂趣並帶點古怪」，因此招聘人員會問求職者這個問題：「在一到十的評分之間，你覺得自己有多古怪？」如果你的答案是一，那可能太過死板，不適合 Zappos；如果是十，你可能又有點太過瘋狂。重點不在於分數是幾分，而是求職者對這個問題的反應。Zappos 尋找能與他人共享樂趣的人。在行程結束時，我收到了一本《文化冊》，裡面收錄了數百名員工未經修飾的觀點與感受，對這份工作體驗的描述中，最常出現的字眼可能就是「愛」。大家不妨招聘熱愛你的品牌及理念的人，其他的都能慢慢訓練。

3. 信任你的團隊

謝家華在客服中心業務上創新，打破了傳統模式。不同於許多擁有龐大線上業務的公司，要求客服人員按照固定話術應對顧客，Zappos 的員工不需遵循腳本，也沒有通話時間限制。他們唯一的任務就是「讓顧客感到驚喜」，與他們建立情感聯繫。每位員工的電話旁都備有明信片，鼓勵他們與每位顧客建立關係，並寄上手寫的便條。例如，有一位員工問顧客為什麼買夾腳拖，對方回答要去斐濟（Fiji）旅遊，Zappos 員工特地寄了一張寫著：「祝您旅途愉快！」的小卡片給她。

這些貼心的舉動能夠讓顧客變成終生客戶。謝家華還向我分享了另一個例子，有位員工曾經花了四個小時與顧客通話。他並沒有責問員工：「為什麼花那麼多時間？」反而是問：「顧客感到驚喜了嗎？」

你知道了嗎？創新的客戶服務不需要什麼高深的技術，其實就是禮貌、常識，以及發自內心對待每個人，無論是顧客、合作夥伴，還是員工，就像家人一樣。

4. 分享一切訊息

Zappos 每天都會與員工分享所有的財務和業績數據資訊，包括平均通話時間、銷售數字、利潤等。事實上，Zappos 對資訊抱持非常公開透明的態度，結果都會張貼在公告板上，供所有人查看。員工甚至鼓勵我拍攝資訊，分享到我的部落格上。公關專業人士請注意：在我參訪的過程中，沒有公關人員隨行監督，我可以自由地拍照、錄影和員工交談，Zappos 沒有任何隱瞞。即使在零售業最艱困的時期，Zappos 年銷售額仍突破十億美元。能有這番成就，正是因為公司信任員工能為顧客做出正確的決定。

5. 樂在其中！

在參訪過程中，一位員工打斷了導覽員的講解，開始為公司的部落格錄製影片。大家都在歡呼，互相擊掌慶祝，我從未見過相處得這麼融洽的團隊。Zappos 的員工不擔心享樂會被上司批評，樂趣是受到公司鼓勵的，只有當 Zappos 的員工**不再**感受到樂趣時，才是大問題。

在許多行業中，卓越的顧客服務是唯一可以持久的競爭優勢。現在，想一想 Zappos 所展示的顧客服務基本原則：聘用與企業文化契合的人才，將員工視為珍寶，信任員工，鼓勵與顧客建立更深厚的關係，以及對工作樂在其中。這真的有那麼難嗎？當然沒有。但在當今零售業中，這種做法非常罕見，Zappos 因此被公認為全美最具創新精神的企業文化之一。

Zappos 和蘋果最重要的相似之處在於，兩家公司都改變了顧客對品牌的聯想。想要打造致力於提供創新顧客服務體驗的文化，你必須先自問：「我到底賣的是什麼？」例如，蘋果不是單純在賣電腦，而是想要「讓人生活更精采」；Zappos 不是單純在賣鞋子，而是在「傳遞快樂」。

你的事業核心價值是什麼？

芝加哥郊區的賭城風情

在伊利諾州芝加哥郊區的格倫維尤（Glenview），你會發現顧客特地大老遠開車，去艾伯特電子（Abt Electronics）買電腦、電視、MP3 播放器、數位相機或洗衣機。芝加哥還有很多地方也能買到電子產品，包括百思買，然而即使是極客幫的服務，也無法與艾伯特提供的獨特體驗相比。

艾伯特電子的四兄弟之一麥克・艾伯特（Mike Abt）告訴我，他們的願景是為電子產品的顧客創造一種獨特的體驗。[2] 如果你想為自家業務提

供創新的體驗，就應該從其他行業汲取靈感，正如蘋果的詹森從四季酒店獲得靈感、史蒂芬斯受到 UPS 模式的啟發，艾伯特也從外部行業尋求靈感，而他的靈感是來自賭城拉斯維加斯。

當第一次看到艾伯特接待大廳的中庭時，我想起了拉斯維加斯宏偉的百樂宮酒店（Bellagio）。艾伯特有棕櫚樹、吸引人的店面（如同高端購物中心裡的專賣店），還有一座會隨音樂起舞的噴泉。如同在百樂宮酒店，伴隨義大利美聲天王安德烈・波伽利（Andrea Bocelli）的音樂呈現著名的水舞表演般，艾伯特的水舞表演也是每半小時一次。我心想，「這畫面看起來真熟悉」。果然，我後來得知，艾伯特也曾去過百樂宮酒店，並決定為格倫維尤帶來一絲拉斯維加斯的賭城風情。

艾伯特深知，想在百思買、沃爾瑪和西爾斯百貨這類大型零售商中脫穎而出，他必須提供獨特的體驗，遠比其他任何地方都更令人興奮、更吸引人。噴泉表演只是艾伯特吸引顧客遠道而來的眾多元素之一，店裡還有獨特的建築設計和藝術裝飾，令人賞心悅目，還提供新鮮烘焙的餅乾，四周瀰漫著誘人的香氣。店內吸引力無處不在，不管是大人還是小孩，都很喜愛那座 750 加侖（約 28,390 公升）的巨型水族箱，這點子也是受拉斯維加斯幻景酒店（Mirage）櫃台後方的水族箱所啟發。還有潛水員清潔水族箱，也和噴泉秀一樣，已經成為顧客來店後必看的景點。水族箱的位置靠近高畫質攝錄影機展示區，所以顧客在試拍時，可以將焦點對準這些美麗又色彩繽紛的景象。當地學校甚至會安排學生來參觀艾伯特的水族箱。

蘋果、極客幫和艾伯特電子都提供了關於創新客戶服務體驗的重要啟示：從其他行業的客服專家「借鑑」點子，並應用到自家業務中是可行的。如果只是抄襲競爭對手的做法，也許能帶來短期效益，但不太可能讓你成為創新領導者，你只是在模仿而已，並不是創新。真正的創新是觀察

其他行業的既存模式，汲取靈感，將所學經驗運用在提升自家的顧客體驗。

無可匹敵的披薩店

美國人熱愛披薩，這是年產值達三百億美元的產業，市場由知名連鎖品牌主導，如小凱撒（Little Caesar's）、達美樂（Domino's）、必勝客（Pizza Hut）和棒約翰（Papa John's）等。面對這麼激烈的競爭，誰會在此時開設披薩店呢？答案是能夠像賈伯斯有創新思維的人。

在威斯康辛州的麥迪遜（Madison），問問當地任何一位十八到三十四歲的居民，最喜歡哪一家披薩店，答案很可能是 Toppers。這家披薩店＊總部位於附近的白水市（Whitewater），已在上中西部地區開設了二十六家分店，常常從當地的老牌披薩連鎖店手中搶走市場份額。每平方英尺的營收也超過與全國披薩連鎖品牌合作的加盟店。Toppers 憑藉創新的顧客體驗，成功超越了競爭對手。

如今你應該已經知道，創新始於願景。Toppers 當時的市場行銷總監史考特・艾佛森（Scott Iversen）告訴我：「我們的核心目標是建立一家優質的披薩店，讓家庭、朋友和忠實粉絲能相聚，享受美食和樂趣。」[3] **樂趣**是關鍵字。如果 Toppers 的願景僅僅是「做出美味的披薩」，那麼這家店很難吸引到熱情的追隨者。首先，Toppers 有非常明確的目標市場。不同於全國披薩連鎖店吸引各個年齡層的顧客，Toppers 知道必須為自己開闢利基市場，因此創辦人將重點放在年輕族群，在威斯康辛州的大學城開設分店。蘋果的確成為靈感來源，雖然蘋果產品受到各年齡層的人喜愛，但

＊ 編按：根據官網顯示，Topper 在 1991 年創辦，1993 年 3 月開設第一間店。

對於年輕人來說特別「酷」，Toppers 的創始人問自己：「要怎樣才能讓大學生覺得我們很酷呢？」他們提出的創新答案包括：

- **使用新鮮食材**。全美許多披薩連鎖店會將麵團運送到各個門市，而 Toppers 則是每家分店每天都現做麵團。關鍵是要在所有的行銷和推廣活動中，一直不斷強調這個區別。
- **提供多樣化的菜單選項**。Toppers 推出獨具特色的披薩，深受年輕人喜愛，他們經常在社交網路上分享自己的用餐體驗。最受歡迎的創意包括起司通心粉披薩和「宿醉救星」（Hangover Helper），一款搭配煎蛋卷配料的披薩。
- **了解顧客的需求**。多數大學生預算有限，可能很想嘗試著名的起司通心粉披薩，但又不太想花十七美元買一個大披薩。Toppers 為此推出了 MyZa，一份售價七美元的單人份披薩。Toppers 還發現年輕人喜歡共享菜單上的食物，於是推出了 ToppersStix，覆蓋著濃郁起司的麵包棒，售價不到十美元。
- **與顧客互動**。Toppers 積極參與社群媒體，有臉書和推特帳號。當時雖然只有二十六家分店，卻有一萬一千名臉書粉絲。*Toppers 連鎖店還有自己的 YouTube 頻道，定期發布顧客模仿其他披薩連鎖店的搞笑影片。Toppers 和顧客一同享受樂趣，在他們的生活圈中積極互動。
- **享受樂趣**。當 Toppers 的外送員出現在家門口時，你會收到享用披

---

* 編按：根據 2025 年 7 月 30 日新開分店的網路資料顯示，現在全美有七十多家門市。2025 年 8 月 7 日上官方臉書網頁顯示，有 2.1 萬按讚數、2.2 萬追蹤數。

薩所有的必需品，包括盤子、餐巾紙和紅椒粉包。哦，還有一樣東西：綠色小兵或棒棒糖。我問艾佛森：「你們為什麼要這麼做？」他說：「有何不可呢？這樣很好玩啊，讓人印象深刻，顧客也會談論這件事！」Toppers 在每一次顧客互動過程中都充滿樂趣、又不拘小節。

» **招募與企業文化契合的員工**。如同 Zappos 和蘋果，Toppers 招聘員工時注重個性。培訓人員可以教任何人怎麼做披薩，但無法教人如何變友善。你或許能做出超棒的披薩，但如果脾氣暴躁，Toppers 是不會錄用的。就像蘋果公司一樣，Toppers 每一位員工都受過產品相關訓練，能介紹菜單上的任何選項，並根據顧客的喜好提供建議，這麼做能讓顧客感受到溫暖，而不是只被當成另一個普通「交易」。

艾佛森表示：「大型連鎖品牌提供的是普通的品質，也不會關心顧客；而我們希望顧客知道，我們不僅提供更優質、更新鮮的產品，還希望與他們建立更貼近個人的關係，消費者偏愛那些能與他們產生共鳴的品牌。」Toppers 不能只是靠被顧客「喜歡」，而是要讓顧客**深深著迷**，形成狂熱的忠誠。從 Toppers 在市場上吸引到的一群狂熱粉絲，以及在 2009 年（美國餐飲業普遍低迷的一年）所創下的驚人營收紀錄來看，Toppers 正處於讓消費者對品牌持久熱戀的萌芽階段。

低成本的創新之道

你現在應該已經知道，創新不一定需要高昂的成本。許多商業期刊經

常報導企業在研發上的巨額投資，好像金錢投入與創新是畫上等號的。但正如賈伯斯所言，創新與花費多少無關，關鍵在於如何打造出讓顧客喜愛的優質產品、服務或體驗。在造訪加拿大英屬哥倫比亞省、奧運城市溫哥華（Vancouver）時，我順道拜訪了一家因提供創新的顧客服務而被《快公司》雜誌報導的萬酒商行（Everything Wine）。創辦人保羅・柯林頓（Paul Clinton）希望找到方法與 Costco 和 BevMo 這類大型葡萄酒零售商競爭，因為連鎖店的利潤空間極小，所以若想在市場上立足，單靠價格競爭幾乎不可能，柯林頓決定在顧客體驗方面進行創新。

萬酒商行的每位員工都是葡萄酒專家。如同蘋果門市店，這家獨特的酒商也沒有「收銀員」。每位員工都經過專業訓練，能夠回答有關葡萄酒的問題，並提供食物搭配建議。顧客需要感受到被重視，如果他們提問時得到的回答是：「我不知道，我只是來上班的。」就不會覺得受到尊重。最令我驚訝的是，萬酒商行被溫哥華商會（Vancouver Chamber of Commerce）評為最具創新精神的本地企業。這個獎項讓我意識到，真正做好顧客服務的公司少之又少：一家商店只是做到如此基本的員工專業培訓，就能被認可為創新榜樣，證明了創新不見得要花大錢，但確實需要致力於客戶服務。

在那次的溫哥華之行中，我與一位年輕女士閒聊了幾句，她是我入住的威斯汀酒店（Westin Hotel）的工作人員，她的「熱情」是平面設計。我怎麼知道的呢？因為她的名牌上這麼寫。當我發現這個小細節後，我們聊了起來，我得知她正在進修電腦設計課程。我也在其他的威斯汀酒店遇到過類似的情況，我曾與達拉斯（Dallas）的服務員聊過旅行經歷，也曾與堪薩斯市（Kansas City）的行李員聊過電影。

2008 年，威斯汀酒店決定推出一項創新舉措，旨在促進飯店員工與

客人之間更深層的互動。這個創意妙招就是：新名牌，其獨特之處在於，除了員工姓名之外，名牌上還多了一句話：「我的熱情是＿＿＿。」威斯汀酒店高層告訴我，「熱情名牌」促進了公司五萬名員工與顧客之間的對話，當客人開始交流時，他們會更坦誠地分享在住宿期間遇到的任何問題。在飯店業中，只要「滿足」客人的需求，就會獲得不錯的忠誠度評分。另一方面，如果客人碰到問題，並得到妥善解決，那麼顧客的「回訪意願」（此為飯店業的重要指標）將顯著上升。名牌上簡單一句話激發了客人與員工的互動，最終，客人會帶著愉快的回憶離開。我不知道製作名牌的成本費用，但作為創新，肯定比重新裝修酒店大廳要便宜得多。

創新的顧客體驗可以是簡單、成本低，而且相對容易實施的，無論是蘋果、極客幫、艾伯特電子、Toppers、萬酒商行，還是威斯汀酒店，願景都是相同的，關鍵都在於加強品牌與顧客之間的互動關係。

» 創新要點

1. 跳脫自己的行業，向外尋求靈感，思考如何讓自己在競爭中脫穎而出。
2. 招募與公司文化契合的人才，並培訓每位員工成為這種「文化」的專家。
3. 享受樂趣！熱情具有感染力。如果員工沒有樂在其中，顧客也不會有愉快的體驗。

致勝心法 7
精準傳達訊息

你烤了一個很漂亮的蛋糕,
但最後卻用了狗屎當裝飾糖霜。*

——賈伯斯

* 譯註:意指最初的努力很成功,但在最後關頭卻因錯誤決策而毀了一切。

第 14 章
全球最具魅力的品牌敘事者

> 賈伯斯是一流的演說大師,能讓觀眾全程充滿期待,直至揭曉時刻。
> ——大衛・布萊恩（David Blaine），魔術師

2010 年 1 月 27 日,賈伯斯推出蘋果的另一項創新,並用一句話總結產品:「我們以最尖端的技術,打造出一款神奇且革命性的產品,價格也令人難以置信。」他剛剛揭示了 iPad,並向觀眾介紹這款平板電腦的各種功能,包括影片、音樂、遊戲、電子郵件、報紙、書籍等。如同往常發表新產品一樣,賈伯斯都會提供一則簡潔有力、適合推特分享的描述,精準傳達蘋果想讓世界看到的產品定位。

如果你錯過了那場發表會,沒關係。蘋果在發表會結束後,立即在官網上發布了影片連結和新聞稿,新聞稿標題寫著:「蘋果推出了 iPad,一款神奇且革命性的產品,價格也令人難以置信。」如果你錯過了新聞稿,也可以直接造訪蘋果官網,首頁展示了一張 iPad 的照片,旁邊文字寫著:「iPad 來了,一款神奇且革命性的產品,價格也令人難以置信。」如果你錯過了發表會、新聞稿和官網,蘋果還有另一個接觸消費者的管道,也就是蘋果專賣店。每家門市的入口處都有一張 iPad 的海報,海報上寫著:一款神奇且革命性的產品,價格也令人難以置信。」蘋果全方位強化這款產

品的定位，而且清晰明確。

在網路上搜索關鍵詞「iPad + 神奇且革命性」，你會發現將近九百萬條連結！而且，這些連結大部分並不是指向蘋果網站。CNN 醒目的標題寫著：「蘋果推出神奇的 iPad。」美國商業技術新聞網站 ZDNet 的標題是：「賈伯斯說得沒錯：iPad 是神奇且革命性的。」一位熱門部落客寫道，「iPad 神奇且革命性的三大理由」。蘋果將產品定位描述得如此簡潔、引人注目，而且前後一致，因此無數的分析師、記者和顧客在思考如何描述這款新裝置時，都引用了這句標語。

說服他人認同你的創意構想

iPad 的發布和行銷宣傳再次證明了賈伯斯是全球最具魅力的品牌敘事者。三十多年來，他將產品發表會變成一種藝術展演。賈伯斯的簡報設計簡潔優雅，但演講遠不只於投影片的呈現。演講旨在傳遞資訊，也兼具教育與娛樂功能。

《跟賈伯斯學簡報》在美國出版後，揭示了讓賈伯斯演講如此震撼人心的具體技巧。iPad 是在此書出版之後才上市，但一些熟悉該書內容的部落客寫到，這場發表會與書中所概述的簡報模式幾乎如出一轍。

這個事實突顯了一個重要觀點：如果賈伯斯能夠遵循相同的簡報模板，那麼你也可以運用這些技巧，讓自己的想法脫穎而出、引起關注，甚至掀起熱潮。請不要告訴我「我的產品不像 iPad 那麼有吸引力」。胡扯。只要你的想法能夠改善他人生活或推動社會進步，那麼你就有值得分享的故事。關鍵在於，你該如何以一種能夠啟發靈感、激勵人心、令聽眾興奮的方式來傳達自己的故事。

埃默里大學的神經科學教授柏恩斯曾說過：「一個人縱使有世上最獨特、最新穎的創意，但若無法獲得多數人的認同，那麼一切都沒有意義。」[1] 對賈伯斯來說，講述故事一直很重要。他對自己要傳達的訊息，以及該如何向員工、投資者、客戶和大眾傳遞，有與眾不同的思考方式。

世界各地的企業、高階主管和創業者都在試圖解析蘋果成功背後的魔法。他們拆解蘋果的產品，尋找獨特設計的線索；他們研究賈伯斯，想了解他的思維模式。這些要素都是成功故事的一環，即七大致勝心法之一，而最後一個要素可能才是真正決定突破性成功的關鍵。賈伯斯精通訊息的傳遞，他以絕妙的方式溝通自己的理念，成功說服了投資者、員工和顧客支持他的願景，加入他的創新之旅。

如果故事未能有效傳達，再多的創意都永遠無法實現，更別提推動社會進步了。從一開始，賈伯斯就一直以不同的方式思考如何講述蘋果的故事，至少可回溯至1981年，那時他才二十六歲，還是懷抱遠大願景、也善於表達夢想的年輕創業者。

作家楊表示，對蘋果來說，1981年是轉捩點。年初時，只有不到10%的美國人聽說過蘋果公司，而到了年底，蘋果的品牌知名度已經提升至80%。蘋果透過將自己塑造成IBM唯一的競爭對手，成功吸引了廣泛關注。楊認為，IBM的進軍，使個人電腦市場變成被主流認可的產業，這對蘋果來說無疑是一大轉機。

蘋果在《華爾街日報》和《紐約時報》上刊登了一則大膽的整版廣告，「歡迎」IBM進軍這個領域，同時也提醒IBM（以及讀者）蘋果才是發明個人電腦系統的先驅。

誠心歡迎 IBM 加入

歡迎加入自三十五年前電腦革命以來最令人興奮、最重要的市場，也祝賀你們推出了第一款電腦。將電腦能力真正交到個人手中，已經改善了人們的工作、思考、學習、交流休閒方式……我們期盼在這場向全球推廣美國技術的重大行動中，雙方展開負責任的競爭。由於我們的任務是透過提升個人生產力來增強社會資本，我們深知這項承諾的重大意義。歡迎加入這項任務。[2]

蘋果在 1984 年為麥金塔推出的電視廣告，只有在超級盃期間播出過一次，卻成為電視史上最著名的廣告之一。然而，一些評論家卻認為，蘋果在 1981 年的報紙廣告才最具成效和影響力，因為蘋果成功地將自己塑造成 IBM 真正的競爭者，而 IBM 當時的規模比蘋果這家新創公司大上十倍（後來蘋果市值已超越 IBM，甚至比英特爾和惠普公司的總和還高）。

人類的想像力總是受到大衛與歌利亞（David-and-Goliath）故事的啟發，面對巨大困難的小人物（大衛），憑著聰明才智、技能和對自己堅定的信念，最終打敗了壞人（歌利亞）。每個偉大的故事或電影裡都有英雄與反派的角色，蘋果的故事也不例外，而沒有人比賈伯斯更善於講述這個故事了。

賈伯斯在接受《花花公子》(*Playboy*) 的專訪時表示：「如果出於某些原因，我們犯下重大錯誤，讓 IBM 贏了，我個人認為我們將會陷入大約二十年的電腦黑暗時代。一旦 IBM 掌控了一個市場領域，他們總是停止創新，甚至會阻礙創新的發展……蘋果正在提供另一種選擇。」[3]

點燃董事會熱情的商業發展計畫

除了針對 IBM 打的廣告，蘋果在 1981 年還提出了第一份真正的商業發展計畫書，這是由賈伯斯親自編寫的。在這份計畫中，賈伯斯提出了「無手搖裝置電腦」的比喻（正如第六章所討論的）。以下是蘋果商業計畫中的一段描述，根據楊的說法，在賈伯斯向董事會簡報時，這段話「激起了熱烈反應」。這段文字展現了賈伯斯在說故事方面的卓越技巧：

> 個人電腦目前正處於類似汽車當年需要手搖啟動的階段……發展其實還不完整。如同汽車還需要手搖裝置的時期，個人電腦繁瑣的人機介面就像汽車的手搖曲柄，使用者需要學習一大堆不自然的指令和操作，才能讓電腦去執行他們想要的功能。進入這十年初期，許多製造商，包括一些企業巨頭，都紛紛加入個人電腦的行列。有些電腦提供更大的記憶體，有些是更多儲存空間，有些是彩色顯示，而有些則是更多的列數，但全部都需要「手動操作」。[4]

有效的溝通是推動商業化成功創新的關鍵要素。賈伯斯有一個構想，希望用圖標和滑鼠取代指令行介面，讓電腦操作更簡便，但他必須向蘋果的董事會「推銷」這個想法。根據楊的說法，賈伯斯的願景有極大的說服力，最終獲得執行團隊和董事會的支持。我們不禁要問：如果賈伯斯當初未能有效地傳達他的理念，這些改變世界的創新最終是否還能實現呢？當然，我們永遠不會知道答案，但我認為，若沒有一位非凡的故事講述者，這些創意構想很可能永遠不會問世。

我們稱之為⋯⋯ iPad！

在 2010 年 1 月濃霧籠罩的清晨，我站在舊金山 Yerba Buena 活動中心外，等候賈伯斯的 iPad 發表會開始，同時為《福斯商業新聞》（*Fox Business News*）的觀眾即時分享我的見解。當時，外界鮮少有人知道賈伯斯究竟會揭曉什麼產品（雖然早有傳聞可能是一款平板電腦），電視台記者很努力想挖掘獨家新聞，但我並沒有任何內幕消息可以分享。然而，無論新產品是什麼，我確實能夠準確預測賈伯斯會怎麼介紹這款新產品，正是因為賈伯斯以往的簡報已經提供了水晶球，讓我們得以洞察他的簡報風格。以下將重點介紹賈伯斯在 iPad 發表會上如何巧妙運用的關鍵元素，成功讓觀眾感受到蘋果創新的願景、優勢與吸引人的魅力。

打造推特風格的標題

正如本章一開始所描述的，賈伯斯用一句話為 iPad 定位，稱之為「神奇且革命性的」產品。他這句話重複說了兩次，這是他一上台後說的第一句話，也是他最後留給觀眾的訊息。創意構想本質上就是新的理念，顧客通常需要幫助才能理解產品如何融入他們的生活。賈伯斯總是能提供一句簡潔的描述，精簡到足以放進一百四十個字元的推特貼文中。iPod 是什麼？「把千首歌曲裝進口袋」。MacBook Air 是什麼？「是全球最輕薄的筆記型電腦」。一句話勝過千言萬語。

引入反派角色

賈伯斯每一次的簡報中都有英雄和反派角色，一個主角及其對手，iPad 發表會也不例外。雖然 IBM 在一九八〇年代初期扮演了反派的角色，

但反派不一定總是競爭對手，事實上，通常不是。賈伯斯經常將反派設定為需要解決的問題。當然，在賈伯斯的敘事中，蘋果總是扮演英雄。

在 iPad 的發表會中，一種被稱為小筆電（Netbooks）的設備扮演了反派的角色。賈伯斯展示一張投影片，上面有兩張圖片：左邊是 iPhone，右邊是筆記型電腦，中間則顯示一個問號。賈伯斯提出以下的問題：

> 我們想創造一個全新的裝置類別，這個裝置必須在執行某些關鍵任務上，比現有的筆記型電腦和智慧型手機更出色。哪些任務呢？像是瀏覽網頁、收發電子郵件、欣賞和分享照片、觀看影片、聽音樂、玩遊戲、閱讀電子書。如果這個第三類裝置無法在這些任務表現上優於筆電或智慧型手機，也就沒有存在的必要。如今，有些人認為「小筆電」可以填補這個空缺。問題是，小筆電在各方面表現都不夠好，速度很慢，顯示效果很差，而且搭載笨重、過時的 PC 軟體，基本上只是便宜的筆記型電腦，我們並不認為那算是第三類裝置。但是，我們認為蘋果有一款真正屬於這類別的產品，今天要首次亮相，我們稱之為 iPad。[5]

運用三點法則

神經科學家發現，人類的短期記憶最多只能處理三到四個資訊塊。既然如此，為什麼不專注於三個重點，而要一次塞進十個訊息讓觀眾無法消化呢？賈伯斯在介紹新產品和新概念時，經常集中在三個關鍵點，很少超過。這種方法也運用在 iPad 的簡報中，如表 14.1 所示。

表 14.1　運用三點法則呈現 iPad 簡報內容[6]

iPad 簡報內容	1	2	3
蘋果的營收來自三個產品線：	iPhone	iPods	Macs
蘋果在行動裝置類別上的三個競爭對手：	諾基亞（Nokia）	三星（Samsung）	索尼（Sony）
小筆電有三大問題：	速度很慢	顯示效果很差	搭載笨重過時的 PC 軟體
iPad 內建三種數位商店供用戶使用：	iTunes 音樂	App 應用程式	iBookstore 電子書
iPad 隨機搭配三種數據方案與價格選擇：	16GB ($499)	32GB ($599)	64GB ($699)

極簡視覺設計

　　賈伯斯深知，當簡報內容以文字搭配圖片呈現、而非只是純文字表現時，觀眾更能有效地記住訊息。例如，在 iPad 的簡報中，投影片上完全沒有使用項目符號，只有一些文字和大量的圖片。請參見表 14.2，第一欄記錄賈伯斯在 iPad 簡報中的實際演說內容，第二欄則描述同步顯示的投影片畫面。

運用「令人驚豔」的詞彙

　　賈伯斯對蘋果產品的熱情，體現在他形容產品特點時，充滿情感的語言當中。他很少用當今商業界普遍使用的術語、行話和企業用語，這些字眼空洞又沒意義，模糊不清又缺乏情感。許多市場行銷人員的對話充斥著空洞的內容，**像業界翹楚、典範轉變和市場聲量**，在賈伯斯的詞彙中完

表 14.2　賈伯斯實際演說內容和同步顯示的投影片畫面[7]

賈伯斯的演說內容	同步顯示的投影片畫面
iPad 機身非常纖薄，厚度只有半英吋	iPad 側視圖 文字標示「厚度只有半英吋」
配備華麗的 9.7 英吋 IPS 顯示螢幕，真是太美了！	iPad 照片 文字標示「9.7 吋 IPS 顯示螢幕」
iPad 採用蘋果自家特製的處理器，是一顆叫做 A4 的晶片，這是蘋果目前為止最先進的晶片，運行速度快得驚人。	iPad 照片 文字標示「1GHZ 蘋果 A4 晶片」
我們已經達成了十小時的電池續航力，這代表我只要充一次電，就可以在舊金山飛往東京的途中，全程觀看影片。	電池充滿的藝術示意圖 文字標示「10 小時」

全看不到這種用語。很少商業人士能像賈伯斯般自信地表達想法。他曾說過，蘋果電腦螢幕上的按鈕設計得這麼誘人，「讓人看了想舔一口」。賈伯斯將 iPhone 3GS 的速度形容為「快得令人驚豔」。以下是賈伯斯描述 iPad 時所用的生動形容詞：

>> 「這款比筆記型電腦更貼近人心，比智慧型手機功能更強大。」
>> 「這是你享受過最棒的瀏覽體驗。」
>> 「打字像夢幻般的享受。」
>> 「就是這麼簡單。」
>> 「太酷了。」
>> 「極速驚人。」[8]

第 14 章 >> 全球最具魅力的品牌敘事者　247

賈伯斯在講述新產品故事時，對每個細節都極為講究，無論是他表達的語言、設計的簡報，還是所傳遞的訊息，甚至連實際的「舞台」都經過精心設計。賈伯斯在推出 iPad 時，在舞台上設置了這兩樣東西，一張舒適的皮椅和一個小圓桌，都不是講台，這些就是賈伯斯唯一需要的「道具」。他坐在椅子上，拿起桌上的 iPad，在觀眾注視下開始示範 iPad 的各種功能。這樣的舞台設計極具巧思，iPad 不像筆記型電腦和手機，不是讓你放進手提袋或公事包隨身攜帶的第三種設備。iPad 的目的是讓你的生活更舒適、更具娛樂性。比方說，當你在廚房時，想查看影評和訂票，或是想躺在舒適的沙發上，繼續看你的書。雖然他從未表明舞台設計的意圖，但這樣的安排巧妙地暗示了蘋果對 iPad 在用戶生活中的角色定位。

賈伯斯是世界頂尖的商業故事大師之一。他深知，卓越的設計和客戶服務只能達到某種程度，創新需要正面的口碑，而這種口碑是由受到啟發的支持者所傳播的，他們認同理念，能夠充滿情感又有效地傳遞熱情。

> **》創新要點**
>
> **1** 觀摩賈伯斯的簡報。在 YouTube 上搜尋「史蒂夫・賈伯斯 + 主題演講」。
>
> **2** 閱讀《跟賈伯斯學簡報》，深入了解賈伯斯的溝通技巧。
>
> **3** 在打開 PowerPoint 或蘋果的簡報軟體 Keynote 之前，先準備好你要講的故事。

第 15 章 換個角度，思考故事敘述

> 創意構想若只停留在個人腦海中，就無法發揮真正的影響力。
>
> ——南希・杜阿爾特（Nancy Duarte），
> 《視覺溝通：讓簡報與聽眾形成一種對話》（*Slide:Olog*）作者

前通用電氣（General Electric）執行長傑克・威爾契（Jack Welch）曾談到，他在剛開始擔任高階主管職位時，曾進行過實地考察，深入了解公司各業務部門的運作。有一場簡報讓他特別困惑，威爾契聽不懂講者說的某些術語，於是舉手發問，講者卻對他說：「你怎麼能指望我在五分鐘內，教會你我花了二十五年才學會的東西？」[1]根據威爾契的說法，這位經理沒多久就被淘汰了。

這世界上有許多聰明又有創意的人才，但他們的想法卻因為無法有效傳達而被人忽視。大腦不會關注無聊的事物，如果你的故事敘述枯燥乏味，就不太可能打動他人。

《創新》的作者指出：「創意點子層出不窮，尤其在現今這個快速發展的經濟環境中，我們每天都被最新的『新鮮事』所淹沒。因此，想要讓你的創意引人關注而取得成功，就必須清楚地傳達理念及價值。如果你是某項創新的推動者，你的重要任務就是爭取完成計畫所需的資金和人力資

源，這代表你必須說服別人相信你的點子值得投資，無論是公司總裁、董事會、風險投資家，還是政府機構的專案負責人。」[2]

此觀察讓我回想起與一位《財星》五百強企業經理之間的對話。這位經理的團隊裡有一位非常聰明的員工，但這名員工的升遷速度卻不如想像中順利。

「為什麼他在公司裡沒有更大的成就呢？」我問這位經理。經理回答：「他雖然是全場最聰明的人，但他的簡報能力實在太差了，表達枯燥乏味、讓人聽不懂！」

遺憾的是，差勁的簡報能力可能會毀掉一個人的職業生涯，溝通能力非常重要。如果你不相信這一點，將會有不少競爭者搶走你的機會，他們不見得有更好的產品或創意，但是他們懂得如何講述更吸引人的故事。賈伯斯了解這一點，一生都非常重視溝通技巧。

宣揚雲端運算的理念

Salesforce 創辦人兼雲端運算先驅貝尼奧夫認為，講述故事是他公司快速成功的關鍵因素之一。在《商業周刊》的專訪中，貝尼奧夫告訴我：「溝通大概是我工作中最重要的一環。」[3]

貝尼奧夫在舊金山的一間公寓臥室裡創立了 Salesforce 之後，在短短十年內將公司發展成每年營收達十億美元的企業。在這十年的成長過程中，貝尼奧夫知道，要讓公司引起關注，他必須與記者和部落客建立良好關係，讓他們協助宣揚雲端運算的理念。

儘管公事繁忙，貝尼奧夫總是迅速且直接地回應記者的詢問，很少有媒體請求未得到回應。雖然聘請了公關公司，他還是經常親自處理這些

請求（我親身體驗過，當我還是商業記者時，他總是會在二十四小時內即時回覆我的電子郵件）。貝尼奧夫在事業發展之初就決定，不把媒體視為敵人，反而當成行銷策略中很重要的一環。貝尼奧夫告訴我：「記者們總會把我視為可提供引用或評論的資源，因為他們知道我能隨時提出新的見解，也能滿足他們的截稿時間。」[4]

貝尼奧夫認為，社交媒體已經讓顧客變成了「內容創作者」，這代表成功的企業家必須滿足客戶對新內容和見解的需求。他指出：「顧客溝通的未來發展，在於能否透過各種可能的管道與他們互動，包括電話、電子郵件、即時聊天、網站和社交網路。顧客正在即時討論公司的產品和品牌，公司必須參與這場對話。」[5]

傳遞價值的三大關鍵要素

在傳遞品牌故事方面，賈伯斯和貝尼奧夫有許多相似之處。以下是兩位企業家成功運用過的三種技巧，你也可以立刻採用這些技巧，來提升傳遞理念價值的方式。

講述經典故事

多數記者對某人在臥室裡創辦的小型新創公司不感興趣，因此，貝尼奧夫從未將自己定位成那樣的公司，而是講述經典的「大衛對抗歌利亞」的故事，他說：「我們給媒體帶來不一樣的東西，帶來新鮮的內容。我們總是將自己定位為改革者，挑戰行業中最大的競爭對手，甚至是整個產業，我們的故事是關於改革創新，致力於創造對顧客和社會都有好處的新事物，我們關注的是未來。」[6]

聽起來耳熟嗎？應該是的。如果沒有，請再重讀前幾章！

保持一致步調

訊息的一致性非常重要，組織內的每個人都必須遵循相同的策略。在 salesforce，貝尼奧夫確保員工都能用一句話清楚傳達工作內容和價值觀。他製作了一張經過護貝的「備忘卡」，正面寫著一句話，背面則列出了服務的優勢。公司的員工和合作夥伴甚至會接受相關培訓，確保他們能夠有效且一致地傳達這個訊息。在 salesforce 成立以來，這句話簡單明瞭，就是：「終結軟體」。

鼓勵提升簡報技能

想在 salesforce 找工作嗎？良好的簡報技巧會大大加分。有些應徵者除了要回答棘手的問題外，還必須簡報。貝尼奧夫說：「簡報能力是重要關鍵，為你工作的人代表你的品牌，你希望他們以某種方式展現自己，也代表你。無論員工是否自覺，公司裡的每個人都在以某種方式與客戶互動，而他們的態度會影響品牌形象，因此，我們用心確保找到合適的人選來代表我們的品牌，並在加入公司後保持一致性。」[7]

我稍微偏離主題提到了貝尼奧夫的技巧，只想強調一個觀點：多數成功的企業家都像賈伯斯一樣，致力於講述有吸引力的品牌故事。他們也運用非常相似的技巧來講述故事。

效法賈伯斯推銷理念的七大準則

自從《跟賈伯斯學簡報》問世以來，全球的公司和個人都改變了他

們針對自家品牌、產品、服務或理念，呈現願景與價值的方式。我直接聽到來自各大行業的高層主管分享，包括汽車界、醫療保健、製造業、製藥業、科技，甚至是核武產業！如果你有創意構想，若採用商業故事大師賈伯斯的一些技巧，將使你更有可能說服他人接受你的想法。以下是你可以立即運用的七大準則，效法賈伯斯成功地推銷自己的理念。

1. 創造「驚爆全場」的瞬間

每場賈伯斯的簡報都有一個讓人驚嘆的瞬間，即「神來一筆」的時刻。這些橋段都是事先精心設計的，和他的投影片、蘋果官網、新聞稿和廣告相互呼應。通常，這些時刻都是正式產品發表的輔助亮點。例如，在 2008 年，賈伯斯從一個牛皮紙信封袋中拿出 MacBook Air，向大家證明商品多麼輕薄，這一幕讓部落客們為之瘋狂，而賈伯斯與信封袋的照片成為當天活動最受矚目的焦點。

2009 年 9 月 9 日，「驚爆全場」的主角不是產品，而是賈伯斯本人。經過肝臟移植而長期休養之後，他出現在舞台上。他告訴觀眾，他現在身上的肝臟來自於一位二十多歲的年輕人，因車禍去世而慷慨捐贈器官，他表示：「若不是因為這份慷慨，我今天就不會站在這裡。」

無論你用的是微軟 PowerPoint，還是蘋果的 Keynote，請在打開簡報軟體之前，事先設計好你「神來一筆」的橋段。舉例來說，我曾與一家知名武器實驗室的科學家合作，他們正在製作簡報，以爭取「精確殺傷彈藥」（focused lethality munitions）的資金支持，這種先進武器能更精準地鎖定目標，以減少戰區中無辜平民的傷亡（這些都是公開資訊，因此可以分享，但我不會透露機構名稱或相關人員）。其中一種武器能在小範圍內摧毀敵方戰鬥人員，卻不會傷及鄰近無辜的家庭。我們決定在投影片之外創

造一個令人難忘的時刻：在地板上貼上一圈顏色鮮明的膠帶，擴大到數碼之外也貼上不同顏色的第二個圓圈。在簡報的關鍵時刻，講者會指著膠帶說：「坐在第一個圓圈內的人會被炸彈擊中，而在第二個圓圈之外的人，則會毫髮無傷。」你認為觀眾會記住什麼呢？是投影片，還是那圈膠帶呢？

突破投影片的框架，問問自己：「我該如何跳脫頁面（或投影片），讓這些內容變得更生動呢？」創造能夠引發情感共鳴的事件，以說服聽眾支持你的理念。

2. 堅守三點法則

「三點法則」是寫作中最強大的概念之一，就是為什麼童話故事的金髮女孩會遇見三隻熊，而多數劇本分為三幕的原因。正如之前提到的，人類的大腦一次只能有效記住三到四個「資訊塊」，而賈伯斯深知這個原則，他的簡報通常都分為三部分，如 2009 年 9 月 9 日，賈伯斯走上舞台，告訴觀眾他將介紹三個產品類別：iPhone、iTunes 和 iPod。他也經常利用這個原則來增加趣味，在 2007 年 Macworld 博覽會上，他介紹了「三款革命性產品」：一款 MP3 播放器、一台手機和一個網路通訊設備。他不斷重複這三樣東西，然後才揭曉令人驚嘆的真相，這三樣東西其實合併成一款產品，也就是 iPhone，三點法則成功轉化成整場簡報「驚爆全場」的焦點。

問問自己：「我希望觀眾記住哪三件事？」不是二十件，只有三件。雖然書面表達（如文章或書籍）可以涵蓋更多要點，但在公開簡報或口頭交流時，最好還是維持三個重點。

3. 分享舞台

賈伯斯很少單獨進行整場演講，他通常會和一組幕後團隊合作演出，

例如，2010年1月的iPad發表會上，他向觀眾介紹完產品特色之後，接著邀請幾位蘋果高層上台說明新產品的其他細節，包括當時的蘋果iPhone軟體部門資深副總裁史考特・福斯托爾（Scott Forstall）和產品行銷資深副總裁菲爾・席勒（Phil Schiller）。蘋果高層隨後又介紹第三方開發者（例如遊戲開發商代表）登場。整場長達一個半小時的簡報中，賈伯斯與其他七位講者一起分享舞台。如果你能請團隊成員（或客戶）一同參與簡報，不妨就這麼做。不過請記住，和任何形式的表演一樣，講者輪流上台時，必須事先彩排，確保所有的銜接與「場景切換」都順暢自然。

4. 引入英雄與反派角色

每一部精采的戲劇都有英雄和反派角色。正如前一章討論iPad發表會時所示，賈伯斯非常擅長營造戲劇效果。早在1984年蘋果推出麥金塔時，他就已經開始運用這種技巧。賈伯斯在揭示產品前，先描繪IBM「藍色巨人」企圖「統治世界」的畫面，並表示蘋果將是唯一能與之抗衡的公司，激起現場觀眾熱血沸騰。同樣著名的廣告「我是Mac，我是PC」的三十秒短劇，也可以解讀為英雄與反派之間的對抗。出色的簡報總會有一個反派、一個共同的敵人，讓觀眾能一起支持英雄，而你的品牌和產品就是扮演著英雄的角色。

5. 視覺化思考

蘋果的簡報極為簡潔又具有視覺衝擊力。正如前一章所討論的，賈伯斯的簡報中幾乎沒有文字，也沒有用項目符號。這種技巧運用了心理學所謂的「圖像優勢」（picture superiority）效應，簡單來說，將想法以文字搭配圖片呈現，會比純文字更容易讓人記住。這個概念對你的簡報有重大的

影響，不要讓投影片充斥過多會分散注意力的訊息。有時一個字或一張照片就能傳達你的重點。記住，投影片只是為了輔助訊息傳遞，你的故事才是焦點，不要把投影片當成讀稿工具。如果你想進一步了解如何製作更具視覺吸引力的簡報，請閱讀《跟賈伯斯學簡報》，以及設計專家南希・杜阿爾特（Nancy Duarte）、賈爾・雷諾茲（Garr Reynolds）、克里夫・艾金森（Cliff Atkinson）的著作。

6. 打造推特風格的標題

　　蘋果公司早已為顧客寫好了宣傳標語，讓他們能夠輕鬆談論產品。例如，MacBook Air 就是「全球最輕薄的筆記型電腦」。如果你無法用符合推特字數限制的一句話來描述你的公司、產品、服務或想法，那就應該重新思考，直到能簡潔表達之後再公諸於世。

7. 銷售夢想，而非產品

　　賈伯斯對改變世界充滿熱情，這種熱情在每場簡報中都表露無遺。任何人都可以學習他製作視覺創意投影片的具體技巧，但如果缺乏熱情與活力，這些投影片也難以打動人心。當賈伯斯在 2001 年介紹 iPod 時，他說音樂是一種能夠改變生活的體驗，而蘋果也以自己微小的方式在改變世界。對多數人來說，iPod 只是一款音樂播放器，而在賈伯斯眼中，卻是為顧客創造更美好世界的機會。這就是賈伯斯與多數平庸領導者最大的不同，他真心致力於改變世界，也勇於表達這份信念。

　　再有創意的點子，如果只是藏在腦海裡，就永遠無法成為改變世界的創新。總有一天，你必須說服他人去投資、購買、參與、加入或為你宣傳。令人驚訝的是，很多人都不了解這一步有多麼重要。有些人似乎認

為，只要自己的想法夠好，不管多難理解，自然就能改變世界。遺憾的是，絕大多數的創意點子最後都默默無聞。我常常在想，究竟有多少真正具顛覆性的想法從來沒有機會成功，只因為那些創意天才無法清楚講述背後的故事。

你有驚人的創意值得分享，不要讓拙劣的表達扼殺實現這些想法的機會。一場精采的簡報可以改變人心，掀起運動，促進企業的發展。從今天起，開始建立你的王國吧，讓賈伯斯的經驗引領你踏上成功之路。

▶▶ 創新要點

1 趁早頻繁地講述你的故事，每天持續不斷，讓溝通成為宣傳品牌的基石。

2 確保你的品牌故事在所有的宣傳管道上保持一致，包括簡報、網站、廣告、行銷文宣和社群媒體。

3 用不同的角度思考你的簡報風格。學習賈伯斯、閱讀設計類書籍，並關注令人讚嘆的簡報，分析它們與一般的 PowerPoint 簡報有何不同。每個人都有提升簡報能力的空間，但若想達成這個目標，需要有不斷改進的決心和開放的心態。

最後一件事……
別讓那些笨蛋打擊你

自信是實現個人願望最可靠的途徑。如果你內心深信自己將成就一番事業，就一定會成功。千萬別讓自己信念動搖，那會摧毀一切。

——喬治・巴頓將軍（General ENERAL GEORGE S. PATTON）

　　創新是一條孤獨的道路，因為真正有勇氣提出顛覆性的想法，又有足夠自信心堅持到底的人，真的少之又少。創新需要自信、膽識，還要有不受負面看法影響的定力。這種人很罕見，因此，能像賈伯斯大規模推動創新的人，屈指可數。未來偉大的創意、大企業或社會運動，來自那些勇於捍衛自己的理念、不畏艱難挑戰依然選擇挺身而出的人。

　　1977年，蘋果推出全新的個人電腦Apple II時，迪吉多（Digital Equipment）創辦人肯・奧爾森（Ken Olsen）卻斷言：「沒有人會想在家裡有一台電腦。」還好賈伯斯始終堅信自己的願景，才得以讓電腦走入大眾生活。

　　幾乎所有成功的創業家都曾面對過別人的質疑與挑戰。試想，當一位年輕人聽到以下這些話時，內心會有多麼煎熬：「你連大學都還沒畢業呢，我們這裡不需要你。」「把腳從我的桌子上移開；馬上給我滾。你糟透了，我們絕不會買你的產品。」「你的商店不會成功的，也許你不應該

再異想天開了。」「你最大的問題在於,還是相信唯有端出魚子醬才會有發展,而這個世界其實只要有餅乾加起司就心滿意足了。」

這些冷嘲熱諷都曾經針對過同一個人,也就是後來被人譽為創新大師的賈伯斯。賈伯斯和沃茲曾遇到過無數目光短淺的「笨蛋」,他們無法理解這兩位創業家的願景,就是要打造簡單易用的工具,幫助那些渴望改變世界的人。他們無視別人的唱衰意見。2005 年,賈伯斯在史丹佛大學畢業典禮上提出這樣的忠告:「別讓外界的噪音淹沒你內心的聲音」。

沃茲尼克在他的《iWoz 科技頑童沃茲尼克》書中總結了成功的祕訣。當別人問他:「你要怎麼改變世界?」時,沃茲尼克這麼回答:

> 首先,你必須相信自己,堅定信念。你會遇到很多人,我指的是絕大多數人,幾乎是你會遇到的每一個人,他們的思考方式總是非黑即白⋯⋯也許他們不懂,是因為缺乏想像力,或是因為別人已經告訴他們什麼才是有用的或好的,而他們所聽到的並不包括你的想法。不要讓這些人打擊你的自信心。記住,他們只是根據當前流行的文化觀點來看待問題,他們只知道自己接觸過的事物,這其實是偏見,完全違背了創新精神。[1]

多數人很難接受未知,而對創新者來說,正是這種未知領域讓他們感到最自在。對蘋果公司的了解幾乎無人能及的分析師提姆・巴荷林(Tim Bajarin)指出,許多專業人士都沒有賈伯斯的商業觀念。他說:「多數公司會嘗試預測客戶在十二到十八個月後的需求,而賈伯斯更關注的是,十年後科技將如何改變人們的生活。」[2]

那些敢於展望未來的人,必然會遭遇短期企業心態的阻力,巴荷林認

為,這是當今美國企業界普遍存在的壓力,而賈伯斯卻毫不退縮,正面對抗這些阻力,帶著熱情、信念和對自己長遠願景的堅持,迎接一切的挑戰與質疑。

賈伯斯曾收到來自微軟共同創辦人比爾·蓋茲令人意想不到的高度讚美。2007 年 5 月,蓋茲與賈伯斯在 D: All Things Digital 大會上難得同台亮相。當有人問及蘋果對電腦產業的最大貢獻時,蓋茲回答:

> 賈伯斯的成就相當了不起,這一切可以追溯到 1977 年蘋果推出 Apple II 電腦,以及將之打造成大眾市場產品的理念,蘋果堅信這將會成為令人驚豔、充滿力量的現象。蘋果全力追求這個夢想,麥金塔就是其中最驚人的成就之一。**那是一次大膽的冒險**,很多人可能已經不記得了,蘋果真的是把公司的前途都押在這產品上。賈伯斯曾經發表過一場演講,是我最喜歡的演講之一,他說,我們打造自己也會愛用的產品。他以驚人的品味和優雅追求那個理念,為整個產業、創新和冒險精神帶來了巨大影響。[3]

巴荷林告訴我:「我真的相信懷抱偉大願景的夢想並不是空想,優秀的企業家專注於當下,而最具創新精神的企業家則規畫未來的藍圖。賈伯斯會關注短期目標,滿足客戶當前的需求,但同時也會夢想並預測客戶未來會渴望什麼。」[4]

1997 年,蘋果瀕臨倒閉邊緣時,賈伯斯召開員工會議,身穿短褲和黑色高領毛衣,為員工加油打氣,提醒大家蘋果不能就此倒下。賈伯斯說:「我們存在的價值,不僅只是生產電腦讓人完成工作。我們相信,有

熱情的人能夠讓世界變得更美好。」⁵ 賈伯斯雖然離開他創辦的公司十多年，但他的願景始終未曾動搖，他相信任何事都有可能。

　　賈伯斯曾說，他每天早上都會看著鏡子問自己：「如果今天是我生命中的最後一天，我會想做我今天要做的事嗎？」⁶ 如果連續好幾天答案都是「不」，他就會知道該做出改變了。你是不是長久以來一直拒絕改變？如果是的話，你認為賈伯斯在你的處境下會怎麼做呢？我希望本書介紹的七大致勝心法能為你提供指引。

　　根據《紐約時報》專欄作家佛里曼的說法，從 1980 到 2005 年間，美國幾乎所有新增的就業機會都來自於成立不超過五年的新創公司。他認為，要讓國家繁榮發展，靠的不是紓困，而是新創事業。佛里曼說：「如果我們想以可持續的方式降低失業率，光靠拯救通用汽車（General Motors），還是加強公路建設是行不通的，我們需要快速創建大量新公司……這一點真的很重要：高薪工作來自新創公司，而不是靠企業紓困。那麼，新創公司源於哪裡呢？源自聰明、有創意、又勇於冒險的人。」⁷

　　也許，賈伯斯教給我們最重要的一課就是，冒險需要勇氣，還得帶點瘋狂。在你的瘋狂中看到天才，對自己和願景充滿信心，並準備好持續不斷捍衛這些信念。只有這樣，創新才有可能夠蓬勃發展，也只有這麼做，你才能活出「極致精采」的人生。

致謝

我衷心感謝全球讀者,讓《跟賈伯斯學簡報》榮登國際暢銷書排行榜,你們分享的故事令我倍感欣喜,期盼《跟賈伯斯學創新思考》對你們也同樣有幫助,你們的熱情是我持續創作的動力。同時,感謝羅伯·安德爾(Rob Enderle)及許多分析師在個人部落格和推特上熱情推薦本書。

我在麥格羅希爾出版社(McGraw-Hill)的前任編輯約翰·艾赫恩(John Aherne)從一開始就對本書充滿信心。2010年,他選擇追隨自己的熱情,開啟了另一段我深信將會非常精采的旅程,感謝你所做的一切,約翰。

麥格羅希爾的每一位同事都非常出色。副總裁兼出版部門負責人蓋瑞·克雷布斯(Gary Krebs)在工作中展現的活力、熱情和積極態度,也感染了我!麥格羅希爾的其他團隊成員同樣充滿熱情:瑪麗·格倫(Mary Glenn)、海瑟·庫柏(Heather Cooper)、莉迪亞·羅納爾迪(Lydia Rinaldi)、安·普萊爾(Ann Pryor)、蓋婭斯麗·維奈(Gayathri Vinay)、喬·伯科維茨(Joe Berkowitz)、艾莉森·岡薩雷斯(Allyson Gonzalez),以及所有參與編輯、設計、製作、銷售和行銷的工作人員,你們的團隊默契令人驚豔。

還要感謝我的文學代理人艾德・納普曼（Ed Knappman），在我寫作生涯中一直提供指導和建議。

特別感謝湯姆・尼爾森（Tom Neilssen）及 BrightSight 的所有團隊成員，讓我有機會與他人分享我的見解和內容。

感謝《彭博商業周刊》的尼克・李伯（Nick Leiber）細心編輯我的專欄，和我有相同的熱情，他真是一位絕佳的合作夥伴。

弗琦雅・伯克（Fauzia Burke）、茱莉・哈拉貝迪安（Julie Harabedian）以及 FSB 公關團隊總是為我帶來新的觀點與獨到的見解，讓我在瞬息萬變的網路行銷與宣傳領域中受益匪淺，謝謝你們讓我不斷學習新知！

由衷感謝妻子凡妮莎，協助處理章節附註、編輯和準備交稿資料，她在我心中無可取代。孩子約瑟芬和萊拉，以及家人肯和帕蒂、唐娜、提諾、佛朗切斯科、尼克和母親，他們始終是我靈感的泉源。當然還要感謝父親，他永遠活在我們心中，我知道他正在天上微笑守護著我們。

參考文獻

前言
1. YouTube, "Steve Jobs on Marketing and Passion," YouTube, youtube.com/ watch?v=c2cDQw-Cmd4 (May 23, 2010).

緒論
1. Thomas L. Friedman, "More (Steve) Jobs, Jobs, Jobs, Jobs," *New York Times*, January 24, 2010, nytimes.com/2010/01/24/opinion/24friedman.html?page wanted=print (January 25, 2010).
2. Andy Serwer, "The '00s: Goodbye (at Last) to the Decade from Hell," *Time*, November 24, 2009, time.com/time/printout/0,8816,1942834,00.html (January 30, 2010).
3. Bill Gates, "The Key to a Bright Future Is Innovation," *Financial Times*, January 29, 2010, ft.com/cms/s/2/a4810bb2-0c75-11df-a941-00144feabdc0.html?catid= 11&SID=google (January 29, 2010).
4. Barry Jaruzelski and Kevin Dehoff, "Profits Down; Spending Steady," *Strategy+Business*, Winter 2009, 46.
5. Barry Jaruzelski and Richard Holman, "Innovating Through the Downturn: A Memo to the Chief Innovation Offcer," Booz & Company, Inc., study, 2009, booz.com/media/uploads/Innovating_through_the_Downturn.pdf (May 22, 2010).
6. Rick Hampson, "In America's Next Decade, Change and Challenges," *USA Today*, sec. 1A, January 5, 2010.
7. 作者與經濟學家塔潘・蒙羅博士（《What Makes Silicon Vallet Tick?》作者），於 2010 年 2 月 5 日的討論。
8. 同前註。
9. Curtis Carlson and William Wilmot, *Innovation* (New York: Crown Business, 2006), 17.
10. 作者與蒙羅的討論。
11. Robert Kiyosaki, "We Need Two School Systems," *USA Today*, The Forum, sec. 1, February 9, 2010.
12. Michael Moritz, *Return to the Little Kingdom* (New York: The Overlook Press, 2009), 106.
13. Stanford University, "'You've Got to Find What You Love,' Jobs Says," *Stanford Report*, June 14, 2005, http://news.stanford.edu/news/2005/june15/jobs06150.html?view=print (January 22, 2010).

第 1 章
1. Rob Walker, "The Guts of a New Machine," *New York Times Magazine*, November 30, 2003, nytimes.com/2003/11/30/magazine/30IPOD.html?pagewanted=all (May 23, 2010).
2. Curtis Carlson and William Wilmot, *Innovation* (New York: Crown Business, 2006), 13.
3. Paul Krugman, "The Big Zero," *New York Times*, December 27, 2009, nytimes.com/2009/12/28/opinion/28krugman.html (May 23, 2010).
4. Adam Lashinsky, "Why Him?" *Fortune*, November 23, 2009, 90.
5. Morten T. Hansen, Herminia Ibarra, and Urs Peyer, "The Best Performing CEOs in the World," *Harvard Business Review*, January–February 2010, http://hbr.org/2010/01/the-best- performing-ceos-in-the-world/ar/1 (May 23, 2010).
6. Michael Arrington, "What if Steve Jobs Hadn't Returned to Apple in 1997?" *TechCrunch*, November 26, 2009, http://techcrunch.com/2009/11/26/steve-jobs-apple-1997 (May 23, 2010).
7. Junior Achievement Study, "Steve Jobs Bigger than Oprah!" October 13, 2009, ja.org/files/polls/Teens-Entrepreneurship-Part-2.pdf (May 23, 2010).
8. Peter Burrows, "The Seed of Apple's Innovation," *BusinessWeek*, October 12, 2004, businessweek.com/bwdaily/dnflash/

oct2004/nf20041012_4018_db083.htm (May 23, 2010).
9. YouTube, "Apple—Crazy Ones," YouTube, youtube.com/watch?v=XUfH-BEBMoY (May 23, 2010).
10. Nancy Koehn, "His Legacy," *Fortune*, November 23, 2009, 110.
11. Michael Moritz, *Return to the Little Kingdom* (New York: The Overlook Press, 2009), 293.
12. Lee Brower and Jay Paterson, "Money Talks, Meaning Whispers," *Motivated*, Spring 2010, 65.
13. Moritz, *Return to the Little Kingdom*, 153.

第 2 章

1. Stanford University, "'You've Got to Find What You Love,' Jobs Says," *Stanford Report*, June 14, 2005, http://news.stanford.edu/news/2005/june15/jobs-061505.html?view=print (January 22, 2010).
2. Ibid.
3. Ibid.
4. Ron Baron, "Ron's Conference Speech: Eighteenth Annual Baron Investment Conference," *Baron Funds Quarterly Report*, September 30, 2009.
5. Ibid.
6. Daniel Morrow, "Excerpts from an Oral History Interview with Steve Jobs," Smithsonian Institution (Oral and Video Histories), April 20, 1995, http://americanhistory.si.edu/collections/comphist/sj1.html (May 23, 2010).
7. Michael Moritz, *Return to the Little Kingdom* (New York: The Overlook Press, 2009), 106.
8. Leadership, "Steve Wozniak—Apple Innovation: Innovation Inspiration with the Co-Founder of Apple Computer, Inc.," *London Business Review*, October 1, 2008, londonbusinessforum.com/events/apple_innovation (January 5, 2010).
9. Steve Wozniak with Gina Smith, *iWoz* (New York: W. W. Norton & Company, 2006), 150.
10. Morrow, "Excerpts from an Oral History Interview with Steve Jobs."
11. Stanford University, "'You've Got to Find What You Love,' Jobs Says."
12. Ibid.
13. Wikipedia, "Steve Jobs," Wikiquote, http://en.wikiquote.org/wiki/Steve_Jobs (May 23, 2010).
14. Jessica Livingston, *Founders at Work: Stories of Startups' Early Days* (Berkeley: Apress, 2008), 57.

第 3 章

1. 作者與的曼徹斯特畢德威爾公司（Manchester Bidwell）的總監兼 CEO 比爾・史崔克蘭（Bill Strickland），於 2010 年 2 月 16 日談到的內容。
2. Ibid.
3. Hannah Clark, "James Dyson Cleans Up," *Forbes*, Face Time, August 1, 2006, forbes.com/2006/08/01/leadership-facetime-dyson-cx_hc_0801dyson_print.html (February 19, 2010).
4. Chuck Salter, "Failure Doesn't Suck," *Fast Company*, December 19, 2007, fastcompany.com/node/59549/print (February 19, 2010).
5. Clark, "James Dyson Cleans Up."
6. 作者與 Beyond Ideas 創辦人雪倫・艾比（Sharon Aby），於 2010 年 1 月 13 日對談時的內容。
7. RachaelRayShow.com, "Maria Shriver's Women's Conference" [video], October 28, 2008, rachaelrayshow.com/show/segments/view/rachael-maria-shrivers-womens-conference (May 23, 2010).
8. Ibid.
9. Carmine Gallo, "From Homeless to Multimillionaire," *Bloomberg BusinessWeek*, July 23, 2007, businessweek.com/smallbiz/content/jul2007/sb20070723_608918.htm (May 22, 2010).
10. Ibid.
11. Ibid.
12. Ken Robinson, *The Element: How Finding Your Passion Changes Everything* (New York: Viking Press, 2009), 1.
13. Ibid.
14. Ibid., 20.
15. Jonathan Mahler, "James Patterson Inc.: How a Genre Writer Has Transformed Book Publishing," *New York Times Magazine*, January 24, 2010.
16. Ibid.
17. Darren Vader, "Biography: Steve Jobs," The Apple Museum, theapplemuseum.com/index.php?id=49 (May 23, 2010).
18. Michael Moritz, *Return to the Little Kingdom* (New York: The Overlook Press, 2009), 72.

19. Wikipedia, "Intrapreneurship," includes Jobs quote, http://en.wikipedia.org/wiki/Intrapreneurship (May 23, 2010).
20. 作者與 Show America 公司的 CEO 克雷格‧埃斯科巴（Craig Escobar），於 2010 年 1 月 14 日談到的內容。

第 4 章

1. 作者與 Voalté 公司的執行長羅伯‧坎貝爾（Rob Campbell），於 2010 年 2 月 5 日談到的內容。
2. 同前註。
3. Jeffrey S. Young, *Steve Jobs: The Journey Is the Reward (Glenview, IL: Scott, Foresman* and Company, 1988), 176.
4. Computer History Museum, "The Computer History Museum Makes Historic Apple Documents Available to Public," press release, June 2, 2009, computerhistory.org/press/Apple-IPO-and-Macintosh-Plans.html (May 22, 2010).
5. Ibid.
6. Ibid.
7. Steve Wozniak with Gina Smith, *iWoz* (New York: W. W. Norton & Company, 2006), 150.
8. Bloomberg, "Voices of Innovation: Steve Jobs," *Bloomberg BusinessWeek*, October 11, 2004, businessweek.com/print/magazine/content/04_41/b3903408.htm?chan=gl (February 15, 2010).
9. Leander Kahney, *Inside Steve's Brain (New York: Portfolio, 2008), 7.*
10. Ibid.
11. Bobbie Johnson, "The Coolest Player in Town," *The Guardian*, September 22, 2005, guardian.co.uk/technology/2005/sep/22/stevejobs.guardianweekly technologysection (May 22, 2010).
12. Wozniak with Smith, *iWoz*, 151.
13. Jeff Goodell, "Steve Jobs in 1994: The Rolling Stone Interview," *Rolling Stone,* February 5, 2010. http://www.rollingstone.com/culture/news/steve-jobs-in-1994-the-rolling-stone-interview-20110117 (May 23, 2010).
14. *Triumph of the Nerds*, PBS documentary written and hosted by Robert X. Cringely (1996, New York).
15. Ibid.
16. Ibid.
17. Guy Kawasaki, *The Macintosh Way* (Glenview, IL: Scott, Foresman and Company, 1990), 18.
18. Ibid.
19. 作者與 Beyond Ideas 創辦人雪倫‧艾比（Sharon Aby），於 2010 年 1 月 13 日對談時的內容。
20. The Pixar Touch, "Steve Jobs Thinks Different, 1997," The Pixar Touch History of Pixar, November 8, 2009, http://thepixartouch.typepad.com/main/2009/11/steve-jobs-shareholder-letter-1997.html (March 3, 2010).
21. Ibid.
22. YouTube, "Steve Jobs Introduces the 'Digital Hub' Strategy at Macworld 2001," YouTube, youtube.com/watch?v=9046oXrm7f8 (May 22, 2010).
23. Microsoft News Center, "Gates Showcases Tablet PC, Xbox at COMDEX; Says New 'Digital Decade' Technologies Will Transform How We Live," news press release, November 11, 2001, microsoft.com/presspass/press/2001/Nov01/11-11Comdex2001KeynotePR.mspx (May 23, 2010).
24. Dick Brass, "Microsoft's Creative Destruction," *New York Times*, February 4, 2010, nytimes.com/2010/02/04/opinion/04brass.html (May 22, 2010).
25. 作者與現為美國市調公司 Creative Strategies 董事長的提姆‧巴荷林（Tim Bajarin），於 2010 年 2 月 4 日對談時的內容。
26. Young, *Steve Jobs: The Journey Is the Reward*, 187.
27. Ibid., 121.
28. Apple.com, "Macworld San Francisco 2007: Keynote Address," apple.com/quicktime/qtv/mwsf07 (May 23, 2010).

第 5 章

1. YouTube, "John F. Kennedy's Moon Speech to Congress—May 25, 1961," YouTube, youtube.com/watch?v=Kza-iTe2100 (May 23, 2010).
2. Ibid.
3. YouTube, "1983 Apple Keynote—The '1984' Ad Introduction," YouTube, youtube.com/watch?v=lSiQA6KKyJo (May 22, 2010).
4. Guy Kawasaki, *The Macintosh Way* (Glenview, IL: Scott, Foresman and Company, 1990), 100.
5. Ibid.
6. Ibid.

7. Nancy Mann Jackson, "Wanted: Fully Engaged Employees," *Entrepreneur*, April 26, 2010, entrepreneur.com/humanresources/managingemployees/article206318.html (May 23, 2010).
8. Jeffrey S. Young, *Steve Jobs: The Journey Is the Reward* (Glenview, IL: Scott, Foresman and Company, 1988), 328.
9. Gary Hamel, "The Hole in the Soul of Business," *Wall Street Journal*, January 13, 2010, http://blogs.wsj.com/management/2010/01/13/the-hole-in-the-soul-of-business (May 23, 2010).
10. Carmine Gallo, *Fire Them Up! 7 Simple Secrets to: Inspire Colleagues, Customers, and Clients; Sell Yourself, Your Vision, and Your Values; Communicate with Charisma and Confidence* (Hoboken, NJ: John Wiley & Sons, Inc., 2007), 41.
11. Lev Grossman, "How Apple Does It," *Time*, October 16, 2005, time.com/time/printout/0,8816,1118384,00.html (February 15, 2010).
12. Carmine Gallo, *Fire Them Up! 7 Simple Secrets to: Inspire Colleagues, Customers, and Clients; Sell Yourself, Your Vision, and Your Values; Communicate with Charisma and Confidence* (Hoboken, NJ: John Wiley & Sons, Inc., 2007), 41.
13. Gallo, *Fire Them Up*, 1930.
14. 作者與《如何走去學校？》（*How to Walk to School*，暫譯）作者賈桂琳・艾德伯格（Jacqueline Edelbe）博士，於2010年2月22日對談時的內容。
15. 同前註。
16. 同前註。
17. David Sheff, "*Playboy* Interview: Steven Jobs," *Playboy*, February 1985, 58.
18. Roberto Verganti, "Having Ideas Versus Having a Vision," *Harvard Business Review* blog, March 1, 2010, http://blogs.hbr.org/cs/2010/03/having_ideas_versus_having_a_vision.html (May 23, 2010).
19. America's Most Admired Companies, "Steve Jobs Speaks Out"[Strategy], *Fortune*, March 7, 2008, http://money.cnn.com/galleries/2008/fortune/0803/gallery.jobsqna.fortune/3.html (May 23, 2010).

第 6 章

1. Steve Wozniak with Gina Smith, *iWoz* (New York: W. W. Norton & Company, 2006), 173.
2. Jeffrey H. Dyer, Hal Gregersen, and Clayton Christensen, "The Innovator's DNA," *Harvard Business Review*, Spotlight on Innovation (Reprint R0912E), December 2009, 3.
3. Ibid.
4. Ibid.
5. Ibid.
6. Leander Kahney, *Inside Steve's Brain* (New York: Penguin Group, 2008), 73.
7. Ibid., 74.
8. YouTube, "Steve Jobs: Good Artists Copy Great Artists Steal," YouTube, youtube.com/watch?v=CW0DUg63lqU (May 22, 2010).
9. Gregory Berns, *Iconoclast* (Boston: Harvard Business Press, 2008), 8.
10. Ibid.
11. Ibid., 33.
12. Ibid., 54.
13. Wikipedia, "Steve Jobs," includes quote on Bill Gates, http://en.wikiquote.org/wiki/Steve_Jobs (May 23, 2010).
14. Jeffrey S. Young, *Steve Jobs: The Journey Is the Reward* (Glenview, IL: Scott, Foresman and Company, 1988), 236–37.
15. David Sheff, "*Playboy* Interview: Steven Jobs," *Playboy*, February 1985, 58.
16. Young, *Steve Jobs: The Journey Is the Reward*, 226.
17. Ibid., 227.
18.

第 7 章

1. Jeffrey H. Dyer, Hal Gregersen, and Clayton Christensen, "The Innovator's DNA," *Harvard Business Review*, Spotlight on Innovation (Reprint R0912E), December 2009, 3.
2. Brigham Young University, "Innovators Practice 5 Skills the Rest of Us Don't, Says BYU, INSEAD and Harvard B-School Study," news release, January 19, 2010, http://news.byu.edu/archive09-Dec-dyerinnovation.aspx (March 21, 2010).
3. Ibid.
4. Dyer et al., "The Innovator's DNA," 4.
5. Gary Wolf, "Steve Jobs: The Next Insanely Great Thing," *Wired*, wired.com/wired/archive/4.02/jobs_pr.html (May 23,

2010).
6. Michael Moritz, *Return to the Little Kingdom* (New York: The Overlook Press, 2009), 98.
7. Ibid., 118.
8. Steve Wozniak with Gina Smith, *iWoz* (New York: W. W. Norton & Company, 2006), 290.
9. Gregory Berns, *Iconoclast* (Boston: Harvard Business Press, 2008), 21.
10. Dyer et al., "The Innovator's DNA," 3.
11. 作者與當時 ERA 公關公司創辦人兼總監的艾卓安娜・艾雷拉（Adriana Herrera），於 2010 年 3 月 11 日對談時的內容。
12. Ken Robinson, *The Element: How Finding Your Passion Changes Everything* (New York: Viking Press, 2009), 50.

第 8 章

1. YouTube, "Macworld Boston 1997—Full Version," YouTube, youtube.com/watch? v=PEHNrqPkefI (May 23, 2010).
2. *Wired* News Staff, "The Best of *Wired* on Apple," *Wired*, March 30, 2003, wired.com/gadgets/mac/news/2006/03/70538 (May 23, 2010).
3. YouTube, "Macworld Boston 1997—Full Version."
4. YouTube, "Apple—Crazy Ones," YouTube, youtube.com/watch?v=XUfH-BEBMoY (May 23, 2010).
5. Steven Levy, *The Perfect Thing: How the iPod Shuffles Commerce, Culture, and Coolness* (New York: Simon & Schuster, 2006), 118.
6. Wikipedia, "TheGlobe.com," 包含史蒂芬・帕特諾特（Stephan Paternot.）的引述, http://en.wikipedia.org/wiki/TheGlobe.com#cite_note-5 (May 23, 2010).
7. America's Most Admired Companies, "Steve Jobs Speaks Out"[Strategy], *Fortune*, March 7, 2008, http://money.cnn.com/galleries/2008/fortune/0803/gallery.jobsqna.fortune/3.html (January 2, 2010).
8. Ibid. [iPhone].
9. Rob Enderle, "When You Should Never Listen to Your Customers," *ITBusinessEdge*, April 9, 2010, itbusinessedge.com/cm/blogs/enderle/when-you-should-never-listen-to-your-customers/?cs=40585 (May 23, 2010).
10. The Creative Leadership Forum, "The Cultural Importance of the Leader Around Innovation—Robert Verganti—Author of *Design-Driven Innovation*," March 26, 2010, thecreativeleadershipforum.com/creativity-matters-blog/2010/3/26/the-cultural-importance- of-the-leader-around-innovation-robe.html (April 14, 2010).
11. Ibid.
12. YouTube, "Apple Music Event 2001—The First Ever iPod Introduction," YouTube, youtube.com/watch?v=kN0SVBCJqLs (May 23, 2010).
13. YouTube, "Apple Music Event 2003—iTunes Music Store Introduction," YouTube, youtube.com/watch?v=B2n86TROxzY (May 22, 2010).
14. Ibid.
15. Ibid.
16. Roberto Verganti, *Design-Driven Innovation* (Boston: Harvard Business Press, 2009), 76.
17. Ibid., 51.
18. Lev Grossman, "Invention of the Year: The iPhone" [The Best Inventions of 2007], *Time*, November 1, 2007, time.com/time/specials/2007/article/0,28804,1677329_1678542,00.html (May 23, 2010).
19. Apple.com, "Macworld San Francisco 2007: Keynote Address," apple.com/quicktime/qtv/mwsf07 (May 23, 2010).
20. America's Most Admired Companies, "Steve Jobs Speaks Out" [iPhone], *Fortune*, March 7, 2008, http://money.cnn.com/galleries/2008/fortune/0803/gallery.jobsqna.fortune/index.html (January 2, 2010).
21. Nick Spence, "Apple's Woz: iPad Great for Students, Grandparents," *PCWorld*, April 3, 2010, pcworld.com/article/193329/apples_woz_ipad_great_for_students_grandparents.html (May 23, 2010).
22. Dan Lyons, "Think Really Different," *Newsweek*, March 26, 2010, newsweek.com/id/235565 (May 23, 2010).
23. Jesus Diaz, "iPad Is the Future," Gizmodo blog, April 2, 2010, http://gizmodo.com/5506692/ipad-is-the-future (May 23, 2010).
24. YouTube, "Apple iPad: Steve Jobs Keynote January 27, 2010—Part 1," YouTube, youtube.com/watch?v=OBhYxj2SvRI (May 23, 2010).
25. Ibid.
26. Katherine M. Hafner and Richard Brandt, "Steve Jobs: Can He Do It Again?" *BusinessWeek*, August 27, 1988, businessweek.com/1989-94/pre88/b30761.htm (May 23, 2010).

27. 作者與 Beyond Ideas 創辦人雪倫・艾比（Sharon Aby），於 2010 年 1 月 13 日對談時的內容。
28. Leander Kahney, "How Apple Got Everything Right by Doing Everything Wrong," *Wired*, March 18, 2008, wired.com/techbiz/it/magazine/16-04/bz_apple?currentPage=2 (March 30, 2010).
29. Leander Kahney, *Inside Steve's Brain* (New York: Penguin Group, 2008), 63.

第 9 章

1. 作者與 DNA 11 創辦人亞德里安・薩拉穆諾維奇（Adrian Salamunovic），於 2010 年 4 月 7 日對談時的內容。
2. Alain Breillatt, "You Can't Innovate like Apple," *Pragmatic Marketing* 6, no. 4, pragmaticmarketing.com/publications/magazine/6/4/you_cant_innovate_like_apple (May 23, 2010).
3. Matthew Boyle, "The Accidental Hero," *Bloomberg BusinessWeek*, November 5, 2009, businessweek.com/magazine/content/09_46/b4155058815908.htm (May 23, 2010).
4. Carmine Gallo, *10 Simple Secrets of the World's Greatest Business Communicators*, (Naperville, IL: Sourcebooks, 2005), 19.
5. David Meerman Scott, *Worldwide Rave* (Hoboken, NJ: John Wiley & Sons, Inc., 2009), 24.
6. Ibid.
7. Carmine Gallo, *Fire Them Up! 7 Simple Secrets to: Inspire Colleagues, Customers, and Clients; Sell Yourself, Your Vision, and Your Values; Communicate with Charisma and Confidence* (Hoboken, NJ: John Wiley & Sons, Inc., 2007), 23.

第 10 章

1. YouTube, "Steve Jobs Keynote Macworld 1998—Part 2," YouTube, youtube.com/watch?v=LWuR88AIKLg (May 23, 2010).
2. Ibid.
3. Peter Burrows, "The Seed of Apple's Innovation," *BusinessWeek*, October 12, 2004, businessweek.com/bwdaily/dnflash/oct2004/nf20041012_4018_db083.htm (May 23, 2010).
4. YouTube, "Objectified—Jonathan Ive Talks About Mac Design," You Tube, youtube.com/watch?v=t0fe800C2CU (May 23, 2010).
5. YouTube, "Oct. 14—Apple Notebook Event 2008—New Way to Build—2/6," YouTube, youtube.com/watch?v=7JLjldgjuKI (May 23, 2010).
6. Ibid.
7. YouTube, "Objectified—Jonathan Ive Talks About Mac Design."
8. Ibid.
9. Sheryl Garratt, "Jonathan Ive: Inventor of the Decade," *The Observer*, November 29, 2009, guardian.co.uk/music/2009/nov/29/ipod-jonathan-ive-designer/print (January 4, 2010).
10. Ibid.
11. Rob Walker, "The Guts of a New Machine," *New York Times*, November 30, 2003, nytimes.com/2003/11/30/magazine/30IPOD.html?pagewanted=all (May 23, 2010).
12. Ibid.
13. Steven Levy, *The Perfect Thing: How the iPod Shuffles Commerce, Culture, and Coolness* (New York: Simon & Schuster, 2006), 77–78.
14. Ibid., 74.
15. Ibid.
16. Om Malik, "User Experience Matters: What Entrepreneurs Can Learn from 'Objectified,'" Gigaom blog, January 3, 2010, http://gigaom.com/2010/01/03/objectified-design (May 23, 2010).
17. YouTube, "Introducing the New iPhone—Part 1," YouTube, youtube.com/watch?v=ftf4riVJyqw (May 23, 2010).
18. Ibid.
19. Matthew E. May, *In Pursuit of Elegance* (New York: Broadway Books, 2009), 79.
20. David Pogue, "Buzzing, Tweeting, and Carping," *New York Times*, February 17, 2010, nytimes.com/2010/02/18/technology/personaltech/18pogue.html?pagewanted=all (May 23, 2010).
21. Todd Lappin, "What My 2.5-Year-Old's First Encounter with an iPad Can Teach the Tech Industry," bNet, April 7, 2010, http://industry.bnet.com/technology/10006827/what-my-25-year-olds-first-encounter-with-an-ipad-can-teach-the-tech-industry (May 23, 2010).
22. Malik, "User Experience Matters."
23. Andy Ihnatko, "Review: iPad Is Pure Innovation—One of Best Computers Ever," *Chicago Sun-Times, March 31, 2010*,

suntimes.com/technology/ihnatko/2134139,ihnatko-ipad-apple-review-033110.article (April 5, 2010).

24. Steve Chazin, "Apple: Do One Thing, Better," MarketingApple.com, February 23, 2010, marketingapple.com/marketing_apple/2010/02/apple-do-one-thing-better.html (May 23, 2010).
25. Dan Frommer, "Apple COO Tim Cook: 'We Have No Interest in Being in the TV Market,'" *Business Insider*, February 23, 2010, businessinsider.com/live-apple-coo-tim-cook-at-the-goldman-tech-conference-2010-2 (May 23, 2010).
26. Leander Kahney, *Inside Steve's Brain* (New York: Portfolio, 2008), 61.
27. Noah Robischon, "Steve Jobs' Advice to Nike: Get Rid of the Crappy Stuff" [video], *Fast Company*, April 26, 2010, fastcompany.com/video/mark-parker-nike-and-steve-jobs-apple (May 23, 2010).
28. America's Most Admired Companies, "Steve Jobs Speaks Out" [on Apple's focus], *Fortune*, March 7, 2008, http://money.cnn.com/galleries/2008/fortune/0803/gallery.jobsqna.fortune/6.html (May 23, 2010).
29. Jeffrey S. Young, *Steve Jobs: The Journey Is the Reward* (Glenview, IL: Scott, Foresman and Company, 1988), 153.
30. May, *In Pursuit of Elegance*, 23.

第 11 章

1. Carmine Gallo, "Lessons in Simplicity from the Flip," *Bloomberg BusinessWeek*, February 17, 2010, businessweek.com/smallbiz/content/feb2010/sb20100217_244373.htm (May 23, 2010).
2. Ibid.
3. 作者與 Kiva Systems 創辦人兼執行長麥克・蒙茨（Mick Mountz），於 2010 年 1 月 21 日對談時的內容。
4. The Creative Leadership Forum, "The Cultural Importance of the Leader Around Innovation—Robert Verganti—Author of *Design-Driven Innovation*," March 26, 2010, thecreativeleadershipforum.com/creativity-matters-blog/2010/3/26/the-cultural-importance- of-the-leader-around-innovation-robe.html (April 14, 2010).
5. Arik Hesseldahl, "Senuous Sound Machine," *Bloomberg BusinessWeek*, May 3–May 9, 2010, 78.
6. Elisabeth Bumiller, "We Have Met the Enemy and He Is PowerPoint," *New York Times*, April 27, 2010, nytimes.com/2010/04/27/world/27powerpoint.html (May 23, 2010).
7. Jim Collins, "Best New Year's Resolution? A Stop Doing List," *USA Today*, December 29, 2003, usatoday.com/news/opinion/editorials/2003-12-30-collins_x.htm?loc=interstitialskip (May 23, 2010).
8. Ibid.
9. Ibid.

第 12 章

1. Jerry Useem, "Apple: America's Best Retailer," *Fortune*, March 8, 2007, http://money.cnn.com/magazines/fortune/fortune_archive/2007/03/19/8402321/index.htm (May 23, 2010).
2. CliffEdwards, "Commentary: Sorry, Steve: Here's Why Apple Stores Won't Work," *BusinessWeek*, May 21, 2001, businessweek.com/magazine/content/01_21/b3733059.htm (May 23, 2010).
3. Jerry Useem, "Apple: America's Best Retailer."
4. ifoAppleStore.com, "Think Equity Conference 2006," 包含 Ron Johnson 的引言 September 13, 2006, ifoapplestore.com/stores/thinkequity_2006_rj.html (May 23, 2010).
5. YouTube, "Apple—Steve Jobs Introduces the First Apple Store Retail 2001," YouTube, youtube.com/watch?v=OJtQeMHGrgc (May 23, 2010).
6. ifoAppleStore.com, "Think Equity Conference 2006."
7. YouTube, "Apple—Steve Jobs Introduces the First Apple Store Retail 2001."
8. ifoAppleStore.com, "Think Equity Conference 2006."
9. Ibid.
10. YouTube, "Autodesk (corporate documentary)," YouTube, youtube.com/watch?v=Hz8- WfBW3qU (May 23, 2010).
11. America's Most Admired Companies, "Steve Jobs Speaks Out" [on choosing strategy], *Fortune*, March 7, 2008, http://money.cnn.com/galleries/2008/fortune/0803/gallery.jobsqna.fortune/7.html (May 23, 2010).
12. UPI.com, "Couple Enjoys Wedding with Apple Theme," February 20, 2010, upi.com/Odd_News/2010/02/20/Couple-enjoys-wedding-with-Apple-theme/UPI- 44951266688299 (May 23, 2010).

第 13 章

1. Carmine Gallo, "An Inside Look at the Zappos Experience," Talking Leadership blog, January 11, 2010, http://carminegallo.com/talking-leadership/an-inside-look-at-the-zappos-experience (May 23, 2010).

2. 作者與艾伯特電子共同創辦人麥克．艾伯特（Mike Abt），於 2010 年 5 月 7 日對談時的內容。
3. 作者與 Toppers 當時市場行銷總監史考特．艾佛森（Scott Iversen），於 2010 年 5 月 6 日對談時的內容。

第 14 章

1. WoodruffHealth Sciences Center, Emory University, "Neuroscientist Reveals How Nonconformists Achieve Success," press release, September 25, 2008, http://whsc.emory.edu/press_releases2.cfm?announcement_id_seq=15766 (May 23, 2010).
2. Jeffrey S. Young, *Steve Jobs: The Journey Is the Reward* (Glenview, IL: Scott, Foresman and Company, 1988), 237.
3. David Sheff, "*Playboy* Interview: Steven Jobs," *Playboy*, February 1985, 70.
4. Young, *Steve Jobs: The Journey Is the Reward*, 236.
5. Apple.com, "Apple Special Event January 2010," apple.com/quicktime/qtv/specialevent0110 (May 23, 2010).
6. Ibid.
7. Ibid.
8. Ibid.

第 15 章

1. Jack Welch with John A. Byrne, *Straight from the Gut* (New York: Warner Business Books, 2001), 72.
2. Curtis Carlson and William Wilmot, *Innovation* (New York: Crown Business, 2006), 129.
3. Carmine Gallo, "Storytelling Tips from Salesforce's Marc Benioff," *Bloomberg BusinessWeek*, November 3, 2009, businessweek.com/smallbiz/content/nov2009/sb2009112_279472.htm (May 23, 2010).
4. Ibid.
5. Ibid.
6. Ibid.
7. Ibid.

最後一件事……

1. Steve Wozniak with Gina Smith, *iWoz* (New York: W. W. Norton & Company, 2006), 289.
2. 作者與現為 Creative Strategies 董事長的提姆．巴荷林（Tim Bajarin），於 2010 年 2 月 4 日對談時的內容。
3. YouTube, "Steve Jobs and Bill Gates Together—Part 1," YouTube, youtube.com/watch? v=_5Z7eal4uXI&feature=fvw (May 23, 2010).
4. 作者與巴荷林對談的內容。
5. YouTube, "Steve Jobs on Marketing and Passion," YouTube, youtube.com/watch? v=c2cDQw-Cmd4 (May 23, 2010).
6. Stanford University, "'You've Got to Find What You Love,' Jobs Says," *Stanford Report*, June 14, 2005, http://news.stanford.edu/news/2005/june15/jobs-061505.html (May 23, 2010).
7. Thomas L. Friedman, "More (Steve) Jobs, Jobs, Jobs, Jobs," *New York Times*, January 24, 2010, nytimes.com/2010/01/24/opinion/24friedman.html?page wanted=print (January 25, 2010).

跟賈伯斯學創新思考
從 iPhone 的破框思維到皮克斯的創作靈感，解鎖賈伯斯不同凡想的祕密

作者	卡曼・蓋洛（Carmine Gallo）
譯者	何玉方
商周集團執行長	郭奕伶
商業周刊出版事業部	
副總經理	張勝宗
總編輯	林雲
責任編輯	林亞萱
封面設計	Javick 工作室
封面圖片提供	Getty Imagines
內文排版	薛美惠
出版發行	城邦文化事業股份有限公司 商業周刊
地址	115 台北市南港區昆陽街 16 號 6 樓
	電話：（02）2505-6789　傳真：（02）2503-6399
讀者服務專線	（02）2510-8888
商周集團網站服務信箱	mailbox@bwnet.com.tw
劃撥帳號	50003033
戶名	英屬蓋曼群島商家庭傳媒股份有限公司城邦分公司
網站	www.businessweekly.com.tw
香港發行所	城邦（香港）出版集團有限公司
	香港九龍九龍城土瓜灣道 86 號順聯工業大廈 6 樓 A 室
	電話：(852) 2508-6231 傳真：(852) 2578-9337
	E-mail：hkcite@biznetvigator.com
製版印刷	中原造像股份有限公司
總經銷	聯合發行股份有限公司 電話：（02）2917-8022
初版 1 刷	2025 年 9 月
定價	420 元
ISBN	978-626-7678-61-9（平裝）
EISBN	9786267678602（PDF）／9786267678596（EPUB）

The Innovation Secrets of Steve Jobs © 2016, 2011 by Carmine Gallo
Complex Chinese Copyright © 2025 Business Weekly, a Division of Cite Publishing Ltd.
This translation published by arrangement with McGraw-Hill Education
All rights reserved.

版權所有・翻印必究（本書如有缺頁、破損或裝訂錯誤，請寄回更換）
商標聲明：本書所提及之各項產品，其權利屬各該公司所有

國家圖書館出版品預行編目 (CIP) 資料

跟賈伯斯學創新思考：從 iPhone 的破框思維到皮克斯的創作靈感，解鎖賈伯斯不同凡想的祕密 / 卡曼．蓋洛 (Carmine Gallo) 作；何玉方譯. -- 初版. -- 臺北市：城邦文化事業股份有限公司商業周刊, 2025.09
　面；　公分．
譯自：The Innovation Secrets of Steve Jobs: Insanely Different Principles for Breakthrough Success

ISBN 978-626-7678-61-9（平裝）

1.CST: 賈伯斯 (Jobs, Steven, 1955-) 2.CST: 商業管理 3.CST: 創造性思考 4.CST: 職場成功法

494.35　　　　　　　　　　　　　　　　　　114010698

藍學堂

學習・奇趣・輕鬆讀